心理学与生活

PSYCHOLOGY AND LIFE

杜华楠 著

中国纺织出版社有限公司

内 容 提 要

随着心理学的热度不断升高,不少电视台、网站、自媒体等都相继推出与心理学相关的节目或内容,但由于种种原因的限制,最终呈现在大众面前并得到广泛传播的并不是科学的心理学,而是经过精心包装的伪心理学,甚至有些所谓的"心理专家"在媒体平台上用错误的理论误导大众。那些所谓的星座、血型、养生以及各种未经实证检验的稀奇古怪的疗法,披着心理学的外衣招摇过市,让真正的心理学蒙受了不少指责和冤屈。

本书从澄清大众对心理学的误解入手,用循序渐进的方式展开,借助心理学经典实验及其结论,阐释常见的生活现象,力求呈现出心理学的科学性与实用性,让读者以正确的态度和眼光重新看待和走近真实的心理学。

图书在版编目(CIP)数据

心理学与生活 / 杜华楠著.--北京:中国纺织出版社有限公司,2023.12
ISBN 978-7-5180-1076-9

Ⅰ.①心… Ⅱ.①杜… Ⅲ.①心理学—通俗读物 Ⅳ.①B84-49

中国国家版本馆CIP数据核字(2023)第174993号

责任编辑:郝珊珊　责任校对:高　涵　责任印制:储志伟

中国纺织出版社有限公司出版发行
地址:北京市朝阳区百子湾东里A407号楼　邮政编码:100124
销售电话:010—67004422　传真:010—87155801
http://www.c-textilep.com
中国纺织出版社天猫旗舰店
官方微博 http://weibo.com/2119887771
鸿博睿特(天津)印刷科技有限公司印刷　各地新华书店经销
2023年12月第1版第1次印刷
开本:710×1000　1/16　印张:16
字数:198千字　定价:59.80元

凡购本书,如有缺页、倒页、脱页,由本社图书营销中心调换

# 前 言

作为一名执业心理咨询师与心理科学传播讲师，在助人自助、坚持传播心理学的路上，我听闻和见证了太多的人生悲喜，也帮助了一些朋友重获内心的安宁，拾起对生命的热情与继续前行的勇气。与此同时，我也切身地体会到，太多人都是在痛苦不堪、难以独自支撑下去的时候才想到了心理学，而在谈论起自身的困惑时，也或多或少地流露出对心理学和心理咨询的误解，片面地认为心理学就是解决心理问题、治疗心理疾病的，甚至还有人认为，心理学是不靠谱的伪科学，把它与遍及网络的星座占卜、心灵鸡汤，甚至是民间算命等混为一谈。

不得不说，这是对心理学的极大误解。真实的心理学，遵循科学的标准，研究的是实证可解决的问题，在方法上遵循系统的实证主义，研究结论也能够被反复验证，并经过同行评审获得认可。只不过，这门科学才刚刚开始揭示人类在行为方面的某些事实，而这些事实在此之前没有被研究过，甚至和一些世俗智慧冲突，故而让人产生误解。

心理学是一门实实在在的科学，且与我们的生活息息相关，它并不是单纯为治疗心理疾病提供理论基础和方法的，无论你是关心自己的身心健康，还是渴望获得内在成长，或是想改善人际关系，都可以借由心理学受益。大

量心理学研究还表明，一个人的成功只有20%来自智力作用，另外80%则来自非智力方面，如领导力、抗压能力、坚毅的性格、情绪稳定性、成就动机等。不难看出，在非智力因素中，大部分因素都与心理学相关。

心理学是一个摸不着、看不见，却时刻萦绕在生活中的事物。人的行为都是由心理支配和指导的，许多现象的背后，都反映着心理学法则，也藏着深层的心理动机，而这些东西我们自己很多时候都浑然不知。

生活中经常会有一些难以解释的问题和行为，我们说不清楚具体的原因，却总是延续同样的处理方式。其实，这些问题大都可以通过心理学找到答案。如果你知道巴纳姆效应，就会明白算命师的话适用于多数人；如果你知道投射心理，就会懂得眼中的一切都是内心世界的投射；如果你知道习得性无助，就会理解人在被拐卖后的逃跑过程中不断遭受殴打，就会放弃挣扎和希望；如果你知道自我宽恕定律，就会知道连环杀手也觉得自己是有苦衷、是被逼的。

从某种意义上讲，心理学是一种思考方式、一种生活态度，掌握了它就等于找到了一把开启智慧之门的钥匙。本书从澄清对心理学的误解入手，采用循序渐进的方式展开，结合心理学经典实验及其结论，力求呈现出心理学的科学性与实用性。碍于时间与篇幅的限制，无法详尽地把更多的心理现象和问题罗列出来，若书中有疏漏与不足，敬请读者不吝指正。

真心希望每一位阅读本书的朋友都可以从中获益，借助科学的分析方法和工具，揭开隐藏在行为之下的深层认知领域，重新认识自己和他人；提升情绪觉察能力，在遇到心理困扰的时候，掌握正确的调适方法；摒弃对心理问题的歧视与偏见，在自身无法实现有效的情绪疏导而备受煎熬时，积极寻求专业人士的帮助。

人生路茫茫，愿心理学这座灯塔，能在黑暗中为你指引方向。

目 录
Contents

Chapter 1
什么是真正的心理学

心理学是骗人的"伪科学"吗？　002

心理学研究的是人尽皆知的常识？　004

算命、占卜和星座属于心理学吗？　006

心理学家有没有看透人心的本事？　009

只有不正常的人才需要做心理咨询？　011

学过心理学的人都会催眠术吗？　013

心理学就是精神分析和解梦？　016

了解心理学的诞生与发展　018

不同的心理学派，不同的思想主张　021

那些值得铭记的心理学大师们　024

Chapter 2
被忽视的感官，时刻都在影响你

一个人丧失了感觉会怎样？　030

"久居兰室，不闻其香"是怎么回事？　032

过分关注自己的感觉是好事吗？　034

001

为什么在夜晚听觉显得更敏锐? 036
换个约会地点怎么就擦出火花了? 037
你注意到的事物,都是你想注意的 038
当错觉来袭,亲眼所见也未必是真 040
幻觉与幻听,不是闹着玩的小事 041
意识与潜意识:谁是主,谁是仆? 042
为什么被拐卖的妇女会选择认命? 045
你可能不敢相信,记忆是个大骗子 047
为什么我们总是管不住自己? 050
学习是不断积累错误行为的过程 053

Chapter 3
认识自己是世上最难的事

把你限制住的人,往往是你自己 058
自己吃不着葡萄,为什么要说葡萄酸? 061
每个人都想表现理想化的自己 064
周哈里窗:认识自己的心灵之窗 067
明明是孪生姐妹,性格却大相径庭 069
你会用"眼不见为净"欺骗自己吗? 071
犯错的时候,总觉得自己是被迫的 072
真正的谦卑,不是表面上装样子 074

Chapter 1 什么是真正的心理学

不值得的事不要做，把值得的事做好　　075
世界上不存在天生的"厚脸皮"　　077
自己选的彩票中奖率真的更高吗？　　078
别人口中的你，是不是真实的你？　　079
你看到的世界，是你内心的投射　　081

Chapter 4
为什么我们会"那样做"

别人都这么做时，我也这么做了　　086
被一件睡袍"胁迫"的烦恼　　088
自私的选择，真的能利己吗？　　090
相比合作而言，人更倾向于竞争　　092
原本很好看，为什么非得去整容？　　094
一旦作出某种选择，就像踏上了不归路　　096
人为何会做出无视道德的事？　　098
面对主动搭讪，为何心头一紧？　　100
危难面前，真的有人不怕死吗？　　104
越被禁止的东西，越让人念念不忘　　106
为什么有些失恋者会变成工作狂？　　108
是什么导致了三个和尚没有水喝？　　109

003

 心理学与生活

叛逆行为背后的诉求，你看见了吗？　111
"有奶便是娘"这句话是真的吗？　112

Chapter 5
别让负面情绪毁了生活

为什么一首曲子会让军心涣散？　116
厌恶感的存在，到底有什么用？　118
进了牙科诊所，为何感觉心安许多？　120
关于寂寞这件事情，你了解多少？　121
宣泄不满可以提高工作效率吗？　123
为什么太想做成一件事，往往会做不成？　125
除了天气外，最善变的就是情绪　127
偶尔当一回"阿Q"也是有好处的　129
平时训练都很好，一到比赛就失误？　130
沉浸式做事，不去想这件事会带来什么　133
本想假装生气，最后竟然真生气了　134
以牙还牙的结果，就是无休止的折腾　136
"男儿有泪不轻弹"坑苦了多少男同胞？　138
没有做完的事情，为何会一直消耗你？　139
培养兴趣爱好的最终目的是什么？　141
为什么把痛苦说出来会感觉轻松？　143

Chapter 1　什么是真正的心理学

乐于助人是品行，但也得"看心情"　144

为什么坐电梯时你不愿直视旁人？　145

Chapter 6
人际交往中的心理法则

第一印象很关键，千万别搞砸了　148

阴郁的高冷范儿，还是留给照片吧　151

没有互惠，难以维系长久的情谊　153

爱他人要适度，别把好事一次做尽　154

不远不近的关系，相处起来才舒服　156

不经意地犯点儿小错，会显得更真实　158

为什么我们都喜欢与自己相似的人？　161

没有谁能完全避免周围人的影响　163

努力工作的同时，也别忘了"刷脸"　165

为什么"好好先生"会被人看不起？　167

外表优雅的女性，一定有内涵吗？　168

谁说北方人的性格都是豪爽的？　171

不懂得沉默的人，就不懂得沟通　173

流言止于智者，远离小道消息　175

Chapter 7
信念是自我实现的预言

目标对一个人来说有多重要？　　178

不能管理时间，便什么都不能管理　　181

人人都有拖拉的倾向，所以要有deadline　　183

把体现自我价值的东西摆在眼前　　185

勤奋的前提是找对自己的位置　　187

完全没有压力并不是一件好事儿　　190

眼看就要成功时，有人选择了逃避　　192

竖在眼前的栏杆越高，跳得就越高　　194

在角落里努力生长，就是"蘑菇"要做的事　　195

最艰难的时刻，往往是改变的起点　　197

同一件事情，不能同时制定两个标准　　198

烫手的山芋里，通常隐藏着机遇　　200

老鹰靠什么成为鸟类中的霸主？　　201

记住"过来人"的忠告，少说话多做事　　202

应对高压挑战，把注意力放在过程上　　203

Chapter 1 什么是真正的心理学

Chapter 8
亲密关系里的人间清醒

你理想中的另一半是什么样的? 206

哪一个阶段最容易发生移情别恋? 208

婚恋中的"猜猜猜",换做谁也受不了 209

没有醋意的爱情,等于没有灵魂的躯壳 211

这个世界上有没有最大最好的麦穗? 212

看清楚什么是爱,什么是心理依赖 215

感情是相互的,一个人的付出没有意义 217

想让爱人变得更好,从停止指责开始 219

无论选择了什么,都要对自己的选择负责 221

没有选择的勇气和能力,遇到对的人也枉然 222

爱不是毫无保留,而是亲密有间 224

Chapter 9
越过内心的那座山

焦虑:学会与不确定性安然共处 226

抑郁:谁都可能与"黑狗"不期而遇 228

孤僻:不要把自己活成一座孤岛 230

虚荣:扔掉"走样"的自尊心吧 232

自卑:停止比较,你会更快乐 235

悲观：生活没那么好，也没那么坏　　237

抱怨：用行动改变可以改变的事　　239

冲动：转念一想，也许就是救赎　　241

浮躁：少点投机取巧，你会走得更快　　243

Chapter 1

什么是真正的
心理学

 心理学与生活

心理学是骗人的"伪科学"吗？

心理学的英文是"psychology"，源于古希腊语，意思是"灵魂之科学"。灵魂在希腊语中也有气体或呼吸的意思，因为古代的人们认为生命依赖呼吸，呼吸停止，生命就完结了。随着科学的发展，心理学的研究对象由灵魂改为心灵，心理学也就变成了心灵哲学。

中国人习惯性地认为，思想和感情是源自"心"的，又因中国人把道理和规则称为"理"，所以就用"心理"来总称心思、思想、感情等，而心理学则是研究心理活动及其发生、发展规律的学科。

心理学与我们的生活息息相关，很多人却并不认可心理学。一来是觉得"科学"就应有严格的实验操作和严密的逻辑推理，比如物理学、数学等。心理学摸不着、看不见，且人的心理变幻莫测，是一个难以控制的变量，要对它进行操作和研究，似乎有点不靠谱；二来是认为出现心理问题后，经过咨询、治疗很快就能痊愈，结果却失望了。鉴于此，就给心理学扣上了一个"伪科学"的帽子。

这对心理学来说是很不公平的！

心理学是一门正在走向成熟的科学。1982年，国际心理科学联合会正式成为国际科学联合会的会员，这证明了心理学的学术地位。心理学中不少研究领域的研究方法，都跟自然科学的研究方法相似，到如今，心理学的各个领域，从实验控制、统计学分析，直至结论的提出，都已经采取了严格的科

Chapter 1　什么是真正的心理学

学设计，制定了统一的科学标准。

世界上不存在瞬间愈病的药，任何治疗都需要时间和过程，心理咨询也是一样的。正所谓"冰冻三尺非一日之寒"，要融化三尺冰块不可能是一蹴而就的。

心理咨询想要收获好的效果，不仅需要咨询师具备丰富的经验技能，还需要来访者的积极配合。所以，对于心理咨询这件事，我们要有正确的理解和现实的期望，不能急于求成，更不能因为短期未见到效果，就否定心理咨询，否定整个心理学。

提到心理学研究,有些人会撇撇嘴,不以为然地说:"心理学家天天地琢磨,搞出来的也不过是一些人尽皆知的常识,没什么新鲜的!"

听到这样的话,不知多少心理学家会瞬间"石化"。心理学知识确实来源于生活,但它绝对不是一般常识,它所研究的深度和广度也不是一般常识能解决和理解的。是不是有点儿不相信?没关系,这里有几个从《心理学与你》中摘录的常识性问题,你可以试着回答一下。

1.牛奶一样多吗?

5岁的女孩瑶瑶看见妈妈在厨房干活,就走了进去。厨房的桌子上放着完全相同的两瓶牛奶。妈妈打开了其中一瓶,把里面的牛奶倒进了一个大玻璃坛子里。瑶瑶的眼睛不停地转动,看看那只仍然装满牛奶的瓶子,再看看那只玻璃坛子。这时,妈妈突然想起她在一本心理学书上读到的情况,就问:瑶瑶,是瓶子里的牛奶多,还是坛子里的牛奶多?

瑶瑶的回答可能是:

A.瓶子里的多

B.坛子里的多

C.一样多

2.做梦需要多长时间?

莎士比亚的《仲夏梦之夜》里,莱桑德尔说真正的爱情是"简单"又

"短暂"的，就像做梦一样。那么，梦真的是一瞬间的事情吗？你认为做一个梦大约需要多长时间？

A.一秒钟的几分之一

B.几秒钟

C.一两分钟

D.若干分钟

E.几个小时

看完题目，想必你心里已经有答案了。现在，请对照依据心理学研究给出的答案，看看有无差别。

第1题：瑶瑶会认为，瓶子里的牛奶比坛子里的多。一般来说，儿童到了7岁左右才会明白同一瓶牛奶无论倒在什么样的容器里，体积都是不变的。瑶瑶只有5岁，当她看见瓶子里的牛奶比坛子里的牛奶液面高很多时，就会认为瓶子里的牛奶多，除非她不是一般的儿童。

如果你问瑶瑶，"一斤棉花和一斤铁相比，哪一个更重？"这样的问题，5岁的瑶瑶也是回答不出来的。想知道得更详细，那就去翻看发展心理学的书籍吧！

第2题：做一个梦需要若干分钟，每个人每天夜里都会做好几次梦。看到这里，你可能会说：我没觉得自己做梦啊！或者是，没觉得做了那么多梦！别急，这是因为你将梦忘记了，或只记住了醒来之前的那个梦的一些片段。研究梦的心理学家们做过实验，证明梦中所发生事情的持续时间，几乎和这种事情现实所发生的持续时间相等。

怎么样？现在，你还对心理学知识不以为然吗？

 心理学与生活

算命、占卜和星座属于心理学吗?

陷入穷困窘地,算命真的就能解决问题吗?显然,这没有什么科学依据,就算有些人觉得之后灵验了,多半也是心理引导着行动带来的改变,而不是所谓的"破灾"起了效用。看到这里,有人可能会觉得:照此说来,算命就是心理学了?

在此,我们必须为心理学正个名:心理学是一门研究人或动物的心理状态、心理过程和心理特征及其行为的学科,绝非研究命理的。至于算命先生为什么总能说到人心里,这里涉及一个心理学名词:巴纳姆效应。

肖曼·巴纳姆是一个有名的杂技师,他在评价自己的表演时说,自己之所以受欢迎,是因为节目中包含了每个人都喜欢的成分。人们都很容易相信一个笼统的、一般性的人格描述,觉得它精准地反映了自己的人格面貌。其实呢?这些描述是很模糊的,通常也具有普遍性,能在很多人身上应验,因而也适用于很多人。

求助于算命的人,往往都是迷失自我的人,容易受到外界暗示。当他们情绪低落、失意的时候,对生活丧失了控制感,安全感也受到了影响,心理依赖性增加,受暗示性也比平时更强。算命先生借助巴纳姆效应,揣摩了人的内心感受,很有讲究地抛出那些听起来很有道理,实则适用于绝大多数人的话,稍微给予求助者一些理解和共情,求助者立刻就会受到一种精神安慰。对于算命先生接下来说的放之四海而皆准的话,求助者自然就会深信

不疑。

算命这件事运用了心理学方面的内容，但绝不能把两者等同。心理学是研究人类的生活起居、工作习惯、心理变化和发展的学科，最终的目的是治疗和改善人性的弱点；而算命却是运用心理学中一部分内容做推演，断章取义，没有科学依据，最终利用人性的弱点为自己牟利。

生活遭遇滑铁卢、情绪低落的时候，不必急着去找算命先生，让他帮忙预测你的未来。命运是掌控在自己手里的，转换一下思维，去看看事情的另一面，也许就能跳出固有的模式，靠自己的力量去扭转困境，改写人生。

知识链接

看完这个，你还会对星座深信不疑吗？

法国研究人员曾把臭名昭著的杀人狂马塞尔·贝迪德的出生日期等资料寄给一家自称能借助高科技软件得出精准星座报告的公司，并支付了一笔不菲的费用。三天后，研究人员拿到了这样的分析结果：

他适应能力很好，可塑性很强，这些能力通过训练就能发挥出来。他在生活中充满了活力，社交举止恰当。他富有智慧，具有创造性，非常具有道德感，未来生活会很富足，是思想健全的中产阶级。预测在1970年至1972年间会考虑到感情生活并作出承诺。

看完报告，研究人员笑了。这个被报告夸赞"道德感很强"的贝迪德，犯下了19条命案，在1946年就已经被处以死刑了！

接着，他们又把希特勒的生日资料发送给其他星座研究公司，还招来五十多位不知道希特勒具体生日的星座爱好者参与讨论。结果，星座公司并

没有准确地概括出希特勒的性格,还非常"不准确"地预测希特勒"非常喜欢动物,富有爱心,热爱和平"。

看到这儿,你是不是似乎也明白点儿什么了?

Chapter 1　什么是真正的心理学

 ## 心理学家有没有看透人心的本事？

当你对心理学没有任何了解的时候，让你突然面对一位资深的心理学家，你会有什么样的感受？会不会觉得对方目光深邃、心灵敏感？会不会担心自己某一个不经意的表情或动作，就被对方看穿了心思？会不会担心自己说的谎言瞬间被拆穿，并被参破此行为背后的动机？

有这样的想法不足为奇，毕竟很多人对心理学家的认识，都是从影视中获得的。比如《沉默的羔羊》里的汉尼拔博士，沉着冷静、足智多谋，精通心理学，可以轻而易举地分析透每个人的想法和意愿；再如LIE TO ME里的莱特曼，能够瞬间读脸，即便一个犯罪嫌疑人不声不响地坐着，他也可以通过微表情发现真相。

看到这些情节，确实会让人对心理学家产生一种误解，认为他们可以透

视眼前人的内心活动。其实,这些都是影片渲染出来的,有夸张的成分。你只看到了莱特曼可以瞬间读懂微表情,却不知道瞬间读脸还需要一个重要的前提条件,那就是"问对问题",用专业术语来讲就是"有效刺激源",以此突破对方的心理防备。

心理学家通常都是依据人的情绪表现和外在行为等,来研究人的心理。或许,他们可以根据某个人的外在特征或测验结果,来推测这个人的内部心理特征,但除非他具备超感知能力,否则的话,任凭他的经验有多丰富,也不可能一眼就看穿他人的内心世界,更无法迅速判断一个人是否在说谎。

所以说,面对面坐着就能把人心看穿,这样的事情基本上是不太可能的,也不存在如此超能的心理学家。今后,跟学心理学的人在一起聊天,或是面对资深的心理专家时,千万别傻到去问:"你是心理学家,你知道我在想什么吗?"

知识链接

别不相信,识谎专家可能还不如你呢!

美国有研究显示,一个普通人分辨谎言与真话的平均正确率大概是54%。事实上,判断正确或失误,各占50%的机会。这也就是说,人们对说谎行为的识别准确率并不显著高于随机判断的概率。

至于警察、侦探、心理学家等对识谎能力要求较高的职业,虽然他们自认为识别谎言的能力高于普通人,但其实他们跟学生、普通人没什么明显的差异,甚至还有可能低于后者,因为他们更倾向于证实自己的已有怀疑和相信自己的主观经验。

 只有不正常的人才需要做心理咨询？

当我们发现一个人心里有症结总也解不开，建议他去找咨询师聊一聊的时候，往往会遭到强烈的抗议，他会强调"我没病"；还有一些人，也想去找心理咨询师谈谈，但过不了心里那道坎儿，要跟自己进行激烈的思想斗争。

有这样的想法也很正常，中国人比较好面子，强调"家丑不可外扬"，把有了心理困扰视为一件不光彩的、见不得人的事，倾向于自己解决。如果直接去找心理咨询师，担心被人知道后，被说成是精神病。再者，为了谋求利益，很多媒体抓住了人们的猎奇心理，在呈现和心理学相关的话题时，喜欢选择和炒作与心理变态相关的内容。

这真的是一个天大的误解！谁说心理学家只研究变态的、有病的人呢？

大多数心理学研究都是针对正常人的，比如儿童情绪的发展、性别差异、智力、老年人心理和跨文化的比较等，这些都是心理学研究的内容。精神病学属于医学领域，精神病学家是医生，他们要面对的是心理、精神失常的人，也就是所谓的"变态者"。

精神病学家跟其他医生一样，在治疗精神疾病时需要使用药物，这一点是任何心理咨询师都不会做的事。咨询师虽然也关注精神病患者，但绝对不会使用药物进行治疗。

知识链接

来来来，科普一下心理咨询！

1.是不是有病的人，才会去做心理咨询？

错！一项调查显示，美国有30%的人会定期看心理咨询师，80%的人会不定期去心理诊所。你能说，这么多人全都有病吗？悲伤和困苦是生命中不可回避的一部分，人人都会遇到，如果压抑在心里解不开，就可以寻求心理咨询的帮助。

心理咨询面向的是正常人群体，处理的是大部分人都会有的情绪、沟通、婚恋困扰等。至于那些变态人格、确诊的神经症、其他精神障碍等问题，已经超出了心理咨询的范畴，需要去看医生，进行药物治疗。

2.是不是遇到问题，就能找心理咨询师聊聊天，让他帮忙出个主意？

错！心理咨询真不是聊天那么简单，会谈不过是一种形式，咨询师会更多地倾听，秉持"中立"的态度，让来访者发现和看到自己的问题。至于最后要做什么样的决定，咨询师是不会直接给出建议的，他们的工作是助人自助，与来访者一起探索，让来访者自己做出改变的决定。

3.有朋友是心理咨询师，找他给自己做咨询岂不是更方便？

不可以！心理学专业的朋友，只能给你一些建议，但不能做你的咨询师。咨询过程要避免双重关系，否则会违背咨询伦理，也影响咨询效果。

4.心理咨询师天天接收情绪垃圾，会不会抑郁？

别担心！心理咨询师有自己的督导师，会定期帮他们处理情绪困扰。他们对自己有更多的觉察和了解，一旦心理出现警报，也会动用自己的心理资源，去寻求解决之道。

 学过心理学的人都会催眠术吗？

"你是学什么的？"

"心理学。"

"你会催眠吗？"

"不会。"

"你不是学心理学的吗？"

"谁说学心理学，就一定会催眠？"

你是不是也曾想当然地以为，心理学家都应该会催眠术？真这么想的话，可能是你电影看多了。有些电影在描述心理学家使用催眠术时与实际情况相差甚远，为了商业炒作而对催眠术的作用进行了夸张甚至扭曲，让人对心理学产生了误解和片面的认识。

催眠术源自18世纪的麦斯麦术。奥地利的麦斯麦医生以"动物磁力法"的心理暗示技术，开创了催眠术治疗的先河。这种方式，就是用磁铁棒诱惑患者进入意识恍惚的状态中。19世纪，英国医生布雷德研究得出，让患者凝视发光的物体会诱导其进入催眠状态。他认为，麦斯麦术所引起的昏睡是神经性睡眠，因此另创了催眠术一词。在后来出版的《神经催眠术》中，他又将心理暗示技术正式定名为"催眠"。

需要说明的是，并非所有的心理学家都会催眠，它是精神分析心理学家在心理治疗中使用的方法之一。现实中绝大多数心理学家的工作是不涉及催

眠术的,他们更倾向于用实验和行为观察等更为严谨的科学研究方法。

催眠和睡眠不是一回事。人在催眠状态下,脑电波为8~13Hz;而在深度睡眠状态下,脑电波为0.4~4Hz,两者有生理上的区别。在轻中度的催眠状态下,受术者的肌肉放松,头脑甚至比清醒时还要敏锐。

有人对催眠心存恐惧,担心在这种状态下,自己无法说谎,会让所有的秘密暴露出来。

放松点儿吧!催眠不是非要你说出真相的魔术,在催眠状态下,受术者不会完全丧失个人意志,依然可以说谎,且谎言未必能被检测出来。同时,受术者依然有很好的自我保护与自我控制能力,不会做违背自己意愿的事,想要通过催眠了解他人内心的隐私,是不太可能实现的,除非他愿意告诉你。

Chapter 1 什么是真正的心理学

知识链接

你永远无法催眠一个不愿被催眠的人

是不是每个人都可以被催眠？

这个问题，真的是因人而异。面对同一个催眠师，受术者的敏感性也是有很大差别的，有5%～20%的人完全不能被催眠，大约15%的人很容易被催眠，大多数人介于这两者之间。临床催眠实践证明，注意力集中、身体易于放松、感受性强、想象力丰富的人，更容易进入催眠状态。

什么样的人完全不能被催眠呢？

六岁以下的孩子，无法长时间集中注意力，很难进入催眠状态；受术者本身有精神病，思维混乱，精力不够，或者是智力低下，自然也无法全身心地听从催眠指导语；还有一种是本身极端抗拒催眠的人，你也不可能将其催眠。

总而言之，催眠是"两情相悦"的事，你永远无法催眠一个不愿被催眠的人，就像你永远无法叫醒一个装睡的人。

 心理学与生活

 心理学就是精神分析和解梦？

很多人对心理学的了解有些片面，一提到它就会联想到解梦。这也很容易理解，多数人都觉得催眠和做梦是很奇妙的体验，解梦一直以来被视为透视人内心世界的途径，而人本身的好奇心又促使着他们去挖掘自己和他人心灵深处的秘密。同时，这种误解的产生，也跟弗洛伊德的理论有很大关系。

大家都知道，弗洛伊德是著名的心理学家，而他的理论中最有名的就是解梦，因此很多人就很自然地把弗洛伊德的理论等同于梦的解析。好莱坞电影对人的认知影响也很大，比如《爱德华大夫》是第一部涉及精神分析的作品，票房很高，也使得精神分析题材在电影界盛行。这部电影的主要内容就是解梦，其中有一句经典台词，也是很多人将梦跟心理学家联系起来的原因："晚安，做个好梦，明天拿出来分析一下！"

其实呢？解梦只是精神分析心理学家所使用的心理治疗技术之一。如果把心理学比喻成一座热带雨林的话，那么解梦不过是这片雨林中的一棵树木而已，不能代表整个心理学。

Chapter 1 什么是真正的心理学

知识链接

不可不知的"梦的理论"

弗洛伊德是奥地利的一位精神病医生，他结合多年的临床经验分析总结，创造性地提出了一套精神分析理论，其中最独特、最具有开创性的部分，就是梦的理论。他指出："梦，并不是空穴来风，不是毫无意义的，不是荒谬的，它完全是有意义的精神现象。"

弗洛伊德在梦的理论中，将梦视为一种精神过程，划分为显意和隐意。他把真实的梦的内容称为显意，把通过梦用力挤入意识、使梦发生的思想称为隐意，把梦的隐意和无意识活动联结在一起。在他看来，精神分析就是要把梦的显意"还原"成它的隐意，继而从隐意中发现梦者无意识的动机和欲望。

弗洛伊德认为，把梦分成若干组成部分，让来访者去细想，每次只能针对某一个部分，让他的思想自由地漫游，思绪会慢慢走向过去的体验和想法上。他相信，这种自由联想的过程，会产生一个联结思想的链条，它会和梦的隐意相连。

表现在梦中的隐意到底是什么呢？弗洛伊德指出，各种内容的梦都是愿望的满足，而梦的愿望全部来自无意识。他相信，对梦的分析，能够揭示出叠加着的层层愿望，处于最下层的是来自童年早期的愿望。

弗洛伊德的释梦理论中存在泛性主义倾向以及其他不足，但他在理论上对梦的研究，依旧是有价值的，对后来的研究起到了极大的启发和指导作用。

德国心理学家艾宾浩斯曾说:"心理学有一个长的过去,但只有一个短的历史。"

两千多年前,古希腊的先哲们开始讨论意识与灵魂的问题,到16世纪前,还没有出现心理学一词。亚里士多德曾在《灵魂论》里,把人的心理视为灵魂,认为植物和动物也有灵魂。说起来,这本书也算是世界上第一本心理学专著呐!

到了1590年,德国哲学家葛克尔首次用心理学一词标明自己的著作,再后来德国哲学家沃尔夫的《理性心理学》《经验心理学》陆续问世,"心理学"一词才得到公认和流行。虽然有了心理学一词,可它依然属于哲学范畴,没有形成独立的学科。

直到1879年,冯特在德国莱比锡大学建立了世界上第一个心理学实验室,才标志着科学心理学的诞生。从那个时候算起,迄今为止心理学也只有一百多年的短暂历史。所以说,心理学既是一门古老的科学,又是一门年轻的科学。

Chapter 1　什么是真正的心理学

人的心理即为灵魂，植物和动物也有灵魂

古希腊哲学家
亚里士多德

1590年，用"心理学"标明著作

德国哲学家
葛克尔

"心理学"流行起来

德国哲学家
沃尔夫

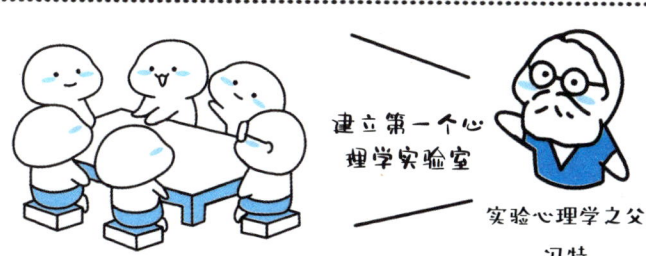

建立第一个心理学实验室

实验心理学之父
冯特

 心理学与生活

知识链接

心理活动是"心"的功能吗?

说起"心理"这个词,给人的印象有点儿神秘诡异,看不见、摸不着,藏在内心深处,却能通过行为、语言表现出来,对人体产生重要的影响。那么,有人就问:"心理是心的活动吗?"

别误会,心理虽然是心理活动的简称,可它实质上是人脑的一种功能,即人脑对客观事物主观的反映。人的心理活动要产生,必须具备三个基本条件:大脑、客观现实和人的实践活动。其中,大脑是产生心理活动的物质基础,或者说是硬件;客观现实是产生心理活动的决定性因素,或者说是软件;人的实践活动,就是把上述两者联系起来的桥梁。

 不同的心理学派，不同的思想主张

巴甫洛夫有一句名言："争论是思想的最好触媒。"

科学心理学诞生一百多年来，一直在不断地成长发展，在这个过程中，自然也少不了分歧和争论。要学习心理学，势必得了解一下这些流派。

◎ **内容心理学派**

这是最早的科学心理学派，起源于德国，代表人物是冯特和费希纳。此学派主张用实验和测量的方法来研究心理学。简单来说，就是进行对人的直接经验的研究分析。所谓直接经验就是，人在具体的心理过程中可以直接体验到的，如感觉、知觉、情感等。但这里研究的并非感觉、知觉等心理活动本身，而是感觉或知觉到的心理内容，即感觉到了什么、知觉到了什么，因而称之为内容心理学派。

◎ **意动心理学派**

弗朗兹·布伦塔诺不认同冯特的内容心理学派，主张心理学应以内省的方法研究心理的互动，而非元素本身，这一观点被称为意动心理学派。它几乎是与冯特的内容心理学派同时产生的，其观点成为一种强有力的心理学思潮。

◎ **构造主义心理学派**

冯特的内容心理理论观点，后来被他的学生铁钦纳带到美国，并于19世纪末在美国发展形成了一个在主要的心理思想上与冯特观点相似，但又有区别的较大学派，即构造主义心理学派。冯特认为内省法只能用来研究简单的

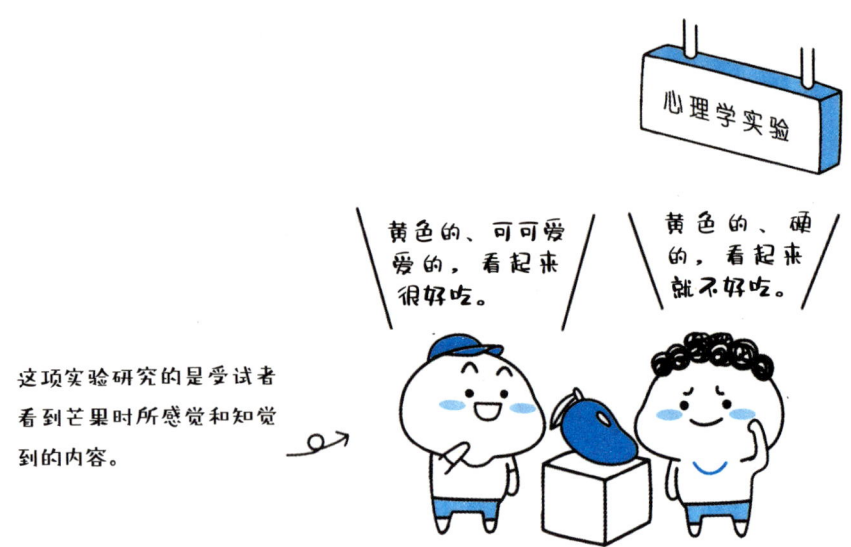

心理过程，而铁钦纳则把内省法用来研究思维、想象等高级的心理过程；冯特把心理元素分解为纯粹的感觉和简单的情感，铁钦纳则把意识经验分解为三种元素：感觉、意象和感情。

◎ **机能主义学派**

机能主义是由美国心理学家詹姆斯、杜威等人创立的，它反对将心理现象分解为元素，主张心理是一个连续的整体，且不能脱离社会环境研究人的心理现象。在研究方法上，机能主义提倡客观观察法和文化产物分析法，在心理学研究史上是一个很大的突破。

◎ **格式塔学派**

德国心理学家维特海默创立了格式塔学派，该学派反对构造主义心理学的元素主义，主张研究直接经验（即意识）和行为，强调经验和行为的整体性，认为整体并不等于而是大于部分之和。此学派的代表人物还有苛勒和考夫卡。苛勒认为学习是利用已有经验和现有条件组合之后的顿悟。

◎ **行为主义学派**

行为主义学派的代表人物是美国心理学家华生、斯金纳等，该学派认为心理学不应该研究意识，而要预测和控制人的行为。他们认为行为是可以通过学习和训练加以控制的，只要确定了刺激和反应之间的关系，就可以通过控制环境而任意地塑造人的心理和行为。行为主义强调环境的影响，有其合理的一面，但它过分夸大了环境的作用，忽视了人的主观能动性，也有不足之处。

◎ **精神分析学派**

精神分析学派的创始人是奥地利精神分析学家弗洛伊德，他在对精神异常者的临床治疗中积累了大量的经验，强调人本能的、情欲的、自然性的一面，首次阐述了无意识的作用，肯定了非理性因素在行为中的作用，开辟了潜意识研究的新领域。虽然弗洛伊德的学说存在明显的泛性论倾向，但他的学生们逐渐改善了这一缺陷，最终使得精神分析在今天的咨询界仍然有着强大的生命力。

◎ **人本主义学派**

人本主义被称为心理学的第三势力，该学派由亚伯拉罕·马斯洛创立，认为心理学应该着重研究人的价值和人格发展，其核心内容有四个方面：强调人的责任、强调此时此刻、从现象学角度看个体、强调人的成长。马斯洛提出的需要层次理论到现在依然被广泛应用。另一位代表人物卡尔·罗杰斯的自我实现理论也备受称赞。在心理咨询中，人本主义至今发挥着重要的作用。

◎ **日内瓦学派**

日内瓦学派是瑞士心理学家让·皮亚杰创立的，主要侧重于儿童智力发展的认识活动，他以儿童心智发展为基础，继而研究人类认识的发展和变化，创立了发生认识论。皮亚杰对儿童与发展心理学做出了巨大的贡献。

 心理学与生活

 那些值得铭记的心理学大师们

谈到心理学常识,有几位知名的大咖,很有必要详细介绍一下。多亏了他们的勤奋努力、坚定不移,心理学才能不断地发展、成熟。

◎ **心理学之父——冯特**

冯特是德国人,出生在一个牧师家庭,年少时就对学习不感兴趣,喜欢做白日梦。父亲去世后,家境陷入拮据,他才控制住走神的毛病,痛改前非。他曾在海德堡大学学医,毕业后在校任生理学讲师,后在生理学研究所给赫尔曼·冯·赫姆霍兹做助手。从那时起,他对心理学产生了兴趣。1871年,冯特撰写了《生理心理学原理》一书。1875年,他被德国莱比锡大学聘为教授。1879年,他在莱比锡大学创建了世界上第一所心理实验室。后来,他在世界范围内建立起一支专业的心理学队伍,为心理学的建立和发展做出了巨大贡献。

◎ **条件反射的发现者——巴甫洛夫**

巴甫洛夫发现,狗在被喂食后会分泌唾液;在进行了几次配合食物同时响起铃声的试验后,狗在只听到铃声的情况下也会分泌唾液,此时铃声就是所谓的条件刺激。在随后的几次实验中,巴甫洛夫又发现,不仅铃声,任何视觉、听觉、嗅觉的刺激在与食物配对之后不久,都能成为狗分泌唾液的条件刺激,这就是我们现在常说的——条件反射。

这项研究让巴甫洛夫名声大噪,将他推向心理学领域,可他极其抵触心

理学，直到老年的时候，才对心理学的态度稍微有点好转，可他依然不愿意被人称为心理学家。不管他愿不愿意，人们最终还是把他归在了心理学家的行列中，且他还被誉为行为主义学派的先驱。

◎ **精神分析大师——弗洛伊德**

弗洛伊德在心理学界可谓是神话一样的存在，既备受称赞又广遭非议。不过，他对心理学和心理治疗的影响，绝对不容小觑。弗洛伊德原本是学医的，后对心理学产生了兴趣。有一天，他的一位医生朋友跟他分享了一个歇斯底里症的案例（安娜），引起了弗洛伊德的注意，他开始用自由联想和催眠的方法治疗精神疾病。他对于安娜病例的研究，是精神分析的第一份个案报告，精神分析就是从这里萌发的。

弗洛伊德致力于研究人的潜意识，认为人们真实的想法都隐藏在潜意识中，我们在生活中不会意识到这些。梦是无意识的一个重要表现形式，通过对梦的解析可以觉察到人内心隐藏的心理内容。尽管这一说法有泛性论的色彩，但他创立的精神分析学派开创了心理学对无意识的研究，甚至改变了当时的西方社会。

◎ **分析心理学先驱——荣格**

荣格是分析心理学的创立者，早年师从弗洛伊德，但他不同意弗洛伊德的泛性论，而更加注重人的精神。他提出过不少影响至深的心理学理论，现在我们常用的人格分类、内向外向的说法，都源自荣格。在内向和外向的基础上，他将心理活动划分为感觉、思维、情感、直觉四种基本技能，与内倾和外倾共同组成了八种人格类型。同时，他还提出一个人的意识中不仅有个人意识和前意识，还有集体意识和潜意识，集体意识与种族文化紧密相关。

◎ **动物心理学首创者——桑代克**

美国动物心理学研究者桑代克做了一个实验：把一只饿猫关进紧闭的笼

子里。猫在笼子里可以通过拉绳或按按钮等方式逃出来。起初，猫只是四处乱撞，乱抓乱咬，经过一段时间后，猫无意间碰到了打开笼子的机关，逃出了笼子。

桑代克把逃出来的猫重新关进笼子，猫重复了上述过程，最终打开笼子。桑代克每次都把逃出来的猫抓回去，记录每次从实验开始到猫逃出来的时间，结果发现，猫打开笼子所用的时间越来越短了。最终，猫发现了规律，学会了如何从笼子里逃跑。

猫在逃出笼子的过程中，进行了一种"尝试错误"的学习，经过多次的错误尝试后，学会了打开笼子的正确方法。后来，人们将他这种观点称为"试误说"。在实验的基础上，桑代克提出了著名的学习三定律：准备律，学习需要提前准备；练习律，学会的东西要反复强化；效果律，学习者需要看到学习带来的效果，运用奖惩方式。

◎ 环境决定论者——华生

美国心理学家华生，小时候是个"问题少年"，懒惰、叛逆、考试不及格、不擅长社交、没什么朋友，可就是这样一个看似缺乏热情的人，却在日后改写了心理学的发展方向。1903年，华生获得芝加哥大学哲学博士学位，后在约翰·霍普金斯大学任教，在此期间开始探索行为主义心理学。

他特别强调环境对人行为的影响，是典型的"环境决定论"者。他曾经说："给我一打健康的婴儿，并在我设定的特殊环境中养育他们，那么我愿意担保，可以随便挑选其中一个婴儿，把他们训练成我所选定的任何类型的特殊人物，如医生、律师、艺术家、商人或乞丐、小偷，而不管他的才能、嗜好、倾向、能力、天资和他们父母的职业及种族如何。"

◎ 儿童心理学之父——皮亚杰

让·皮亚杰出生在瑞士的纳沙特尔，父亲是历史学教授，为人一丝不

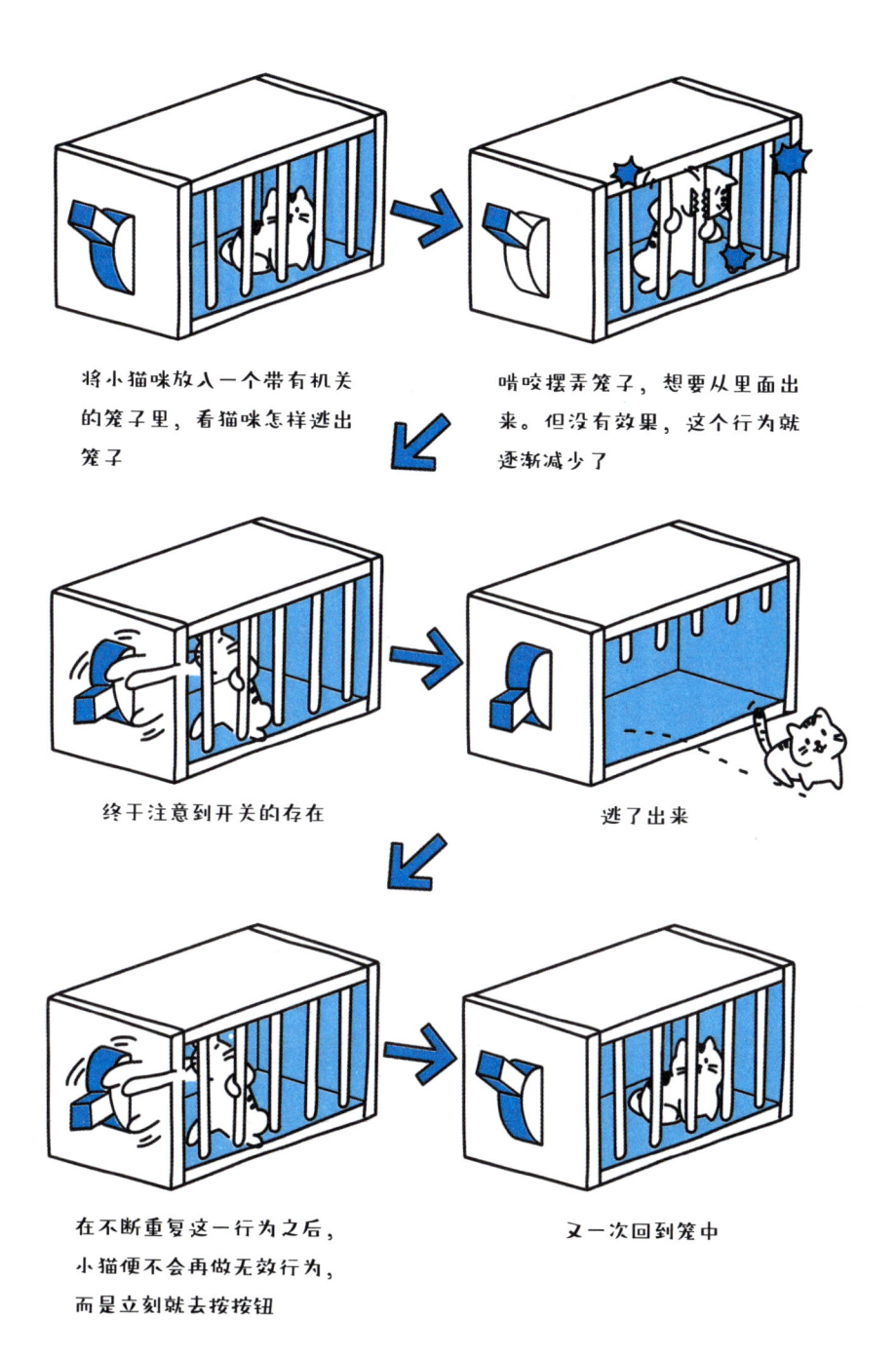

Chapter 1 什么是真正的心理学

将小猫咪放入一个带有机关的笼子里，看猫咪怎样逃出笼子

啃咬摆弄笼子，想要从里面出来。但没有效果，这个行为就逐渐减少了

终于注意到开关的存在

逃了出来

在不断重复这一行为之后，小猫便不会再做无效行为，而是立刻就去按按钮

又一次回到笼中

苟，因而皮亚杰几乎没有童年生活，大概由此缘故，他之后才那么喜欢跟孩子待在一起。

皮亚杰心理学研究的核心是"发生认识论"，他主要研究人类的认识。他认为，人类的知识再怎么高深复杂，都可以追溯到童年期，甚至追随到胚胎时期。儿童出生后，认识是怎样形成的，智力是怎样发展的，受哪些因素制约，内在结构是什么……都是他试图探讨和解答的问题，而他解答的主要科学依据是生物学、逻辑学和心理学。

◎ 需要层次理论——马斯洛

马斯洛出生在美国纽约市布鲁克林区，父母是俄罗斯移民，没有受过教育。他是一个生活在非犹太地区的犹太人，在图书馆里度过了不幸福的童年。最初，父母想让他学法律，可他不感兴趣，后开始攻读心理学。

马斯洛一生致力于对健康人格和自我实现者的心理特征进行研究，并且以独特的人格魅力证明了这一思想。他的理论中最著名的就是需要层次理论，该理论认为人的需要从低至高有五种：生理需要、安全需要、归属与爱的需要、自尊与受人尊重的需要、自我实现的需要。

◎ 人本主义的代表——罗杰斯

罗杰斯出生在美国芝加哥郊区，父母都信教。童年时期的罗杰斯比较害羞，但非常聪明。他从威斯康辛大学毕业后，去了纽约联合神学院，准备做一个牧师。但在纽约的学习改变了他的人生方向，他开始转入哥伦比亚大学学习临床及教育心理学。

罗杰斯主要从事咨询和心理治疗的实践和研究，坚信人类有自我实现的潜能，以及积极自主性，并以心理治疗和心理咨询的经验论证了人的内在建设性倾向。他认为，这种内在倾向虽然会受到环境影响，但可以通过外在无条件关怀、移情理解和积极诱导使障碍消除，继而使人恢复心理健康。

Chapter 2

被忽视的感官，
时刻都在影响你

心理学与生活

一个人丧失了感觉会怎样？

说起感觉，每个人都不会陌生，因为我们时刻都在切身地体会着感觉，包括触觉、嗅觉、听觉、味觉。从定义上说，感觉是人脑对事物的个别属性的认识，是来自外界的刺激作用于人的感觉器官所产生的。我们对客观世界的认识，通常都是从认识事物的一些简单属性开始的，头脑接受并加工了这些属性，进而认识了这些属性，就形成了感觉。

在此，不妨试想一下：如果没有了感觉，人会如何？

1954年，加拿大麦克吉尔大学的心理学家进行了一次"感觉剥夺实验"，被试者安静地躺在实验室里，戴上护目镜，以单调的空调声音限制其听觉，手臂被套上纸筒套袖和手套，腿脚被固定住……总之，所有来自外界的刺激都被"剥夺"了。

起初，被试者还能安静地睡着，可是没过多久，糟糕的状况就出现了。他们会感到烦恼、恐慌、失眠、不舒服，甚至产生幻觉。虽然被试者当时每天能得到20美元的报酬，可就算是这么有诱惑力的条件，依然难以让他们坚持三天以上。被试者在实验室里待了三四天后，均出现了错觉、幻觉、注意力涣散、紧张焦虑等问题，实验后需数日才能恢复正常。

这个实验说明，来自外界的刺激对维持人的正常生存非常必要。

知识链接

别再以爱之名,剥夺孩子的感觉了!

生活中,很多父母宠爱孩子,凡事都包办代替,书包帮忙拎、鞋带帮忙系、怕摔不让跑、怕烫不让摸,各种限制令摆在脸上,上面标着大写的"爱"。看似是为孩子好,怕他受到伤害,结果却把孩子与外界隔离开了,剥夺了他们的感觉。也许孩子在这一刻是安全的,但不良后果已经在酝酿中,只会迟到,不会缺席。

爱孩子,就把感觉还给孩子,让他们在不断尝试中成长。带着你的爱,带着你的眼,站在一旁观看,在适当的时候给予引导,这才是最好的爱。

"久居兰室，不闻其香"是怎么回事？

刚走进鲜花店时，会瞬间嗅到浓郁的花香味，在里面待上半小时，香味就变得没那么浓烈了，甚至在不明显吸气的情况下，几乎感受不到香味的存在。

冬天去游泳时，刚下水的那一刻，浑身都会起鸡皮疙瘩。然而，五分钟过后，所有的不适感都消失了，水显得没那么冷了，甚至还透着一丝丝的温热。

吃第一口酸角时，感觉酸味无比强烈，吃完两个之后，就觉得没那么酸了，且还能在酸味中品尝到一点点果肉的香甜。

……

类似这样的情景，相信你还能说出更多。这种在外界刺激的持续作用下，感受性发生变化的现象叫作感觉适应。感觉适应能力是在有机体长期进化过程中形成的，能帮助我们精确地感知外界的事物，从而调整自己的行为。外界环境的变化幅度巨大，比如白天阳光明媚，夜晚黑漆一片，亮度相差百万倍，如果没有适应能力，我们就无法在这种变动的环境中精细地分析外界事物，做出准确的反应。

感觉适应告诉我们，人或动物长期处在一个环境中直至完全适应时，其感受器的感受性会明显下降。延展来说，我们在生活中也需要保持一定的危机意识，不能在舒适区停留太久。从人的自身感受来说，处于"舒适区"能够让我们处于心理安全的状态，能够降低内心焦虑，释放工作压力，且更容易获得寻常的幸福感。但是，在这个舒适区里，人很难有强烈的改变欲望，更不会主动付出太多的努力，一切行为都只是为了保持舒适的感觉。久而久之，意志就会退化枯萎，变得懒散懈怠。

过分关注自己的感觉是好事吗？

你有没有听过或见过这样的情况，一个人好端端的，非说自己皮肤上有虫子爬动的感觉。其实，这在心理学上叫作内感性不适，属于感觉障碍。所谓感觉障碍，就是指在反映刺激物个别属性的过程中，出现了困难和异常的变态心理现象，常见的感觉障碍有四种：

（1）感觉过敏，对外界刺激的感受能力异常增高，如神经衰弱；

（2）感觉减退和感觉缺失，对外界刺激的感受能力异常下降，如有时手流血却没觉得疼；

（3）感觉倒错，对外界刺激物的性质产生错误的感觉，如把痛觉误认为触觉；

（4）内感性不适，对来自躯体内部的刺激产生异样的不适感，如蚁爬感、游走感。

其实，机体在正常运转时，是会产生一些微弱的感觉，但正常人不会特别在意。如果是抑郁症、神经症和精神分裂症患者，就会反应特别大，这可能是他们过分关注自己的感觉，也可能是由于植物神经亢进引发了强烈的感觉。

> 知识链接

为什么有些患者觉得自己"肝脏烂了"？

抑郁症和神经症患者所描述的体感异常，大都是可以理解的，不会让人觉得很奇怪，甚至相信它是存在的。但有些患者就不一样了，他们觉得自己身体内部的某一个器官出现了异常，如觉得肝脏破裂了、肠子扭转了，发生的部位和性质比较明确，这属于内脏性幻觉，是知觉障碍，而不是感觉障碍了。

内感性不适和内脏性不适是有区别的：前者不适出现的部位不明确，能让人理解；后者发生的部位明确，会让人觉得很荒谬。当然了，无论是哪一种，都是心理作用的结果，在排除躯体疾病的情况下，还需配合心理医生的治疗。

心理学与生活

为什么在夜晚听觉显得更敏锐？

盛夏时节，在郊外搭起帐篷，静静地躺着，风吹草动、蟋蟀鸣叫，一点点细小的声音都能够被察觉到，可在喧闹的白天，却完全注意不到；深夜失眠，翻来覆去睡不着，钟表的滴答声、水龙头的滴水声、外面道路上汽车疾驰而过的声音，都会让人更加烦躁。

到底是这些声音太大，还是夜晚太静？或者是耳朵太敏感了？为什么黑夜里，听什么都觉得那么清晰？其实，这种现象就是感觉对比中的听觉对比效应。

所谓感觉对比，是由于背景不同的同一刺激可能会令我们产生感觉上的差异。比如，刚吃完甜的奶油蛋糕，再吃橘子的话，会觉得橘子特别酸；同时听到一个高音和一个低音，由于低音对高音的掩蔽效果更强，我们更容易听到低音。

这种对比效应，不仅出现在感觉上，在心理感受上也一样。一个向来严厉的人，偶尔说几句温柔的话，就会让人特别难忘；性格温和的人，突然大发雷霆，也会让人感到意外。

换个约会地点怎么就擦出火花了？

有位小伙子爱上了一个姑娘，可每次约会聊得都不太好。有一天晚上，小伙子改变了约会的地方，请那位姑娘到一个光线昏暗的咖啡厅，结果整个约会过程两人谈得很投机。自那以后，小伙子每次约会都精心挑选地点：电影院、咖啡厅、酒吧、西餐厅。几次之后，两个人的感情就升温了，最后结成眷侣。

这是怎么回事？人没变，就换了个约会地点，怎么就擦出火花了呢？其实，这就是心理学中的黑暗效应。在正常情况下，一般人都能根据对方和外界的条件来决定自己应该在多大程度上与对方交往，既有戒备感，又能把自己好的方面展示出来，而将缺点和弱点尽量隐藏起来。这样的话，双方就很难进行深入沟通。在昏暗的环境中，对方感官失效后，自己就不需要伪装了，表情也不需要过多控制，只要自然而然地呈现自己就好了。当自己的感官失效后，人也会变得敏感脆弱，倾向于在黑暗中从同伴那里寻求安全感，这种吸引性是很强的。

心理学与生活

你注意到的事物，都是你想注意的

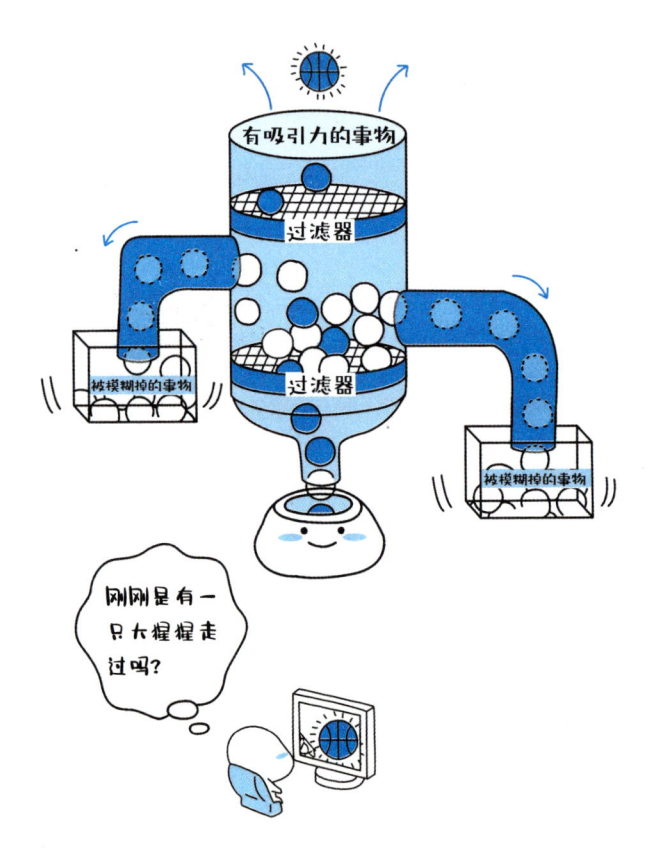

美国心理学家做过一个实验：事先告诉被试者，注意观察视频中打篮球的运动员传了几次球，然后给他们播放打篮球的视频。等视频放完后，心理学家却问了另外的问题：有没有看到在球员之间走过了一只大猩猩？

怎么会有大猩猩呢？所有被试者都觉得奇怪，一致表示没有。可当研究人员再次播放视频时，令人惊讶的是，打篮球的人群中竟然真的有一只大猩猩穿过，而他们居然都没有发现！这是怎么回事呢？

用心理学知识解释，这叫作知觉选择性！知觉是一系列组织并解释外界客体和事件的感觉信息加工过程。然而，客观事物是多种多样的，在特定时间内，我们只能按照某种需要和目的，主动而有意地选择少数事物作为知觉的对象，或无意识地被某种事物吸引，以它作为知觉对象，而对其他事物只做出模糊的反应。

想想看，如果不能对每天看到的、听到的东西进行过滤，那大脑要处理多么庞大的信息量啊！从某种意义上来讲，知觉的选择性也是我们对自己的一种保护。

知识链接

查尔斯大街的故事

医生、商人和艺术家三位朋友沿街走着，准备去神父家吃晚饭。到了神父家后，神父的孩子请艺术家讲个故事。艺术家说："今天，我沿街行走，城市在天空的映衬下，就像一个穹隆，在落日的余晖中泛着光，很美。"

孩子听后，沉思了一会，又开始让商人讲故事。商人说："我一路走来，听到两个小男孩在谈论他们的理想，一个孩子说想在两条街道的交会处卖冰激凌。我觉得，这孩子具备商人的素质，他认识到了经营位置的重要性。"

接下来，轮到医生讲故事了。"药店的橱窗里摆满了各种药品的瓶子，还排列了一长串的清单，写着不及时治疗可能引发的后果。我看到不少人在橱窗前犹豫，考虑某种药对他们是否有效，但我又没有办法告诉他们。"

孩子问医生："这个药店是在查尔斯大街上吗？"医生点点头。

"你说的街道在哪儿呢？"孩子又问商人。

"查尔斯大街。"商人回答。

"我说的也是那里。"艺术家说。

同样的环境，同样的街道，每个人看到的都是不同的事物。

当错觉来袭，亲眼所见也未必是真

人们总说："耳听为虚，眼见为实。"如果你了解心理学，就会发现，这句话是值得商榷的。由于知觉的一些组织原则，人们往往会产生一些错觉，即对客观事物产生不正确的知觉。虽然你亲眼看见了一些东西，但那未必是真的。

说几个生活中的典型例子吧！

坐在停靠在车站的火车上，看着另一辆从车站开出的火车时，总会觉得站台在移动，而那辆火车是静止的，这是站台错觉，是因为两个对象的空间相对关系发生了改变，而又缺乏更多的运动知觉参照系。

和一个漂亮的姑娘坐两个小时车，时间过得很快，而跟不喜欢的人共处一室，分分钟都是煎熬，这就是对时间的错觉。时间有客观的长度，但在人心里也有相对的长度，它跟客观长度是有出入的，因为人的心理是复杂的。通常来说，你做的事情越丰富，你感觉越快乐，就会觉得时间过得越快，反之则觉得时间过得慢；你越希望它快，就越感觉过得慢，你越希望它慢，它反而显得比实际快。

幻觉与幻听，不是闹着玩的小事

你有没有过这样的体验：朋友要来家里看望你，你高兴地在厨房里准备着丰盛的美食，心里想着对方什么时候会来。突然间，隐约听见了"敲门声"，你赶紧跑过去开门，结果外面什么人也没有。你不禁开始自言自语：咦，我怎么还幻听了呢？

其实，这种现象很正常，就是心里太期待朋友到来了，继而产生了幻觉，这实则是暗示的作用。这与精神分裂所导致的幻觉，完全是两码事。如果真的是精神分裂症，他往往在产生幻觉的同时伴随着妄想等症状。比如，有的人会觉得脑子里有人说话，指使他去做一些事情，自己受他人控制，这种情况就需要就医了。

通常来说，幻觉多是病理性的，是指没有相应的客观刺激时所出现的知觉体验。换句话说，幻觉是一种主观体验。虽然没有相应的现实刺激，可就患者的自身体验而言，他并不感到虚幻。这是严重的知觉障碍，如果一个人多次出现幻觉，必须及时进行心理障碍诊断，不然的话，很有可能会在幻觉的影响下做出一些出人意料的事，很危险哒！

意识与潜意识：谁是主，谁是仆？

心理学家弗洛伊德提出了意识的三个层面：意识、前意识、潜意识。他认为，人类的意识就像一座冰山，露出水面能看到的部分是意识，如知道自己喜欢什么、想做什么，但它只占整个意识的一小部分，真正让我们产生冲突和纠葛的是隐藏在水面下的那一部分冰山，也就是潜意识。所谓的前意识，就是从潜意识过渡到意识的这一部分。

了解这个有什么用呢？人们的行为通常是为了实现自己所期待的结果，因此他们相信，是意志在决定着自己的行为。但是，世上并不只存在着有意识的意念，在更多情况下，我们是在自己都不知道想干什么的情况下做出行动的。

意识做出的是理性选择，潜意识不知道什么是好什么是坏。当意识转化为潜意识时，会在大脑皮层留下生理印记，一旦潜意识接受了某种观念，就会立刻实践这种观念，调动所有的力量去实现目标。

问题的关键就在于此，潜意识接受的这个观念是正面还是负面，直接影响着我们的人生。如果观念是负面的，它就会带来失败、屈辱和痛苦；如果观念是积极的，它就会带来健康、成功和财富。潜意识塑造现实的力量太强大了，你认为自己是什么样子，生活是什么样子，你最终就会成为那个样子。

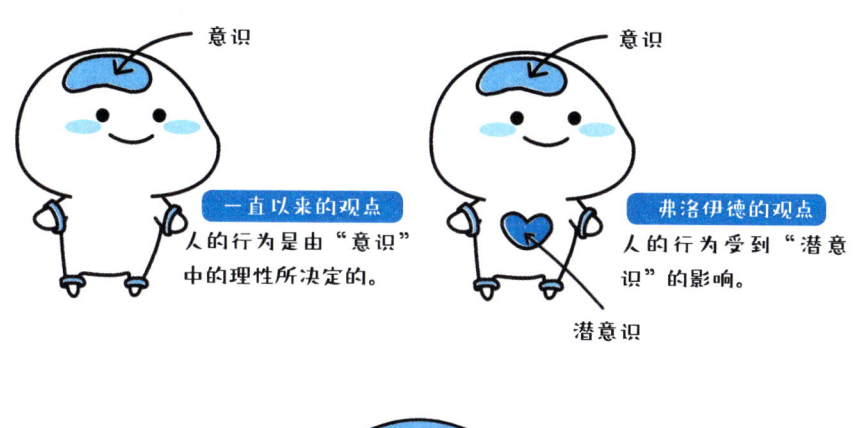

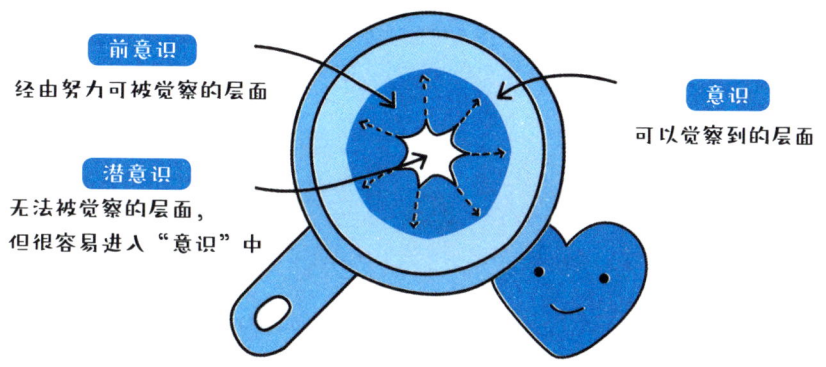

Chapter 2　被忽视的感官，时刻都在影响你

一直以来的观点：人的行为是由"意识"中的理性所决定的。

弗洛伊德的观点：人的行为受到"潜意识"的影响。

- 意识
- 潜意识

前意识：经由努力可被觉察的层面

潜意识：无法被觉察的层面，但很容易进入"意识"中

意识：可以觉察到的层面

知识链接

防不胜防的"弗洛伊德口误"

生活中，我们都有过说错话的经历，那些原本不是发自内心的话，被称为"口误"。多数人都不会在意口误，但有一个人却对此格外感兴趣，那就是弗洛伊德。他提醒我们，口误是很有研究价值的，因为口误并非偶然，它的内容很有可能是内心深处真实想法的反映和写照。

看过《老友记》的朋友，大概能想起剧中的这一处情节：Ross和Emily在教堂里举行婚礼，Emily向牧师宣誓："我，Emily，愿意把Ross当成我的合法丈夫，无论贫穷富有、健康疾病，都会相守一生。"轮到Ross宣誓："我，Ross，愿把Rachel……"瞬间，在场的人们都惊讶了，Ross居然把Emily的名字说成了Rachel！按照弗洛伊德的理论来解释，很简单：Ross，你真正爱的人不是Emily，是Rachel！

当然啦，不是所有口误都可以套用这一理论，当人注意力不集中、高度紧张时，也会出现口误，这是比较常见的现象。

为什么被拐卖的妇女会选择认命？

习得性无助，是美国心理学家塞利格曼1967年在研究动物时提出的，即因为重复的失败或惩罚而造成的听任摆布的行为。塞利格曼用狗做了一个实验：起初，把狗关在笼子里，只要蜂鸣器一响，就施以电击，狗被关在笼子里逃避不了电击。多次实验后，在电击前，先把笼门打开，蜂鸣器一响，狗不但不逃跑，而是没等电击出现，就倒在地上开始呻吟和颤抖，原本可以主动逃跑的它，绝望地等待着痛苦的降临。

就像实验中那条绝望的狗一样，如果一个人面对不可控的情境时，认识到无论怎样努力，都无法改变不可避免的结果，就会产生放弃努力的消极认知和行为，表现出无助、无望和抑郁等消极情绪。习得性无助会进一步恶化

当事人的身心状态，影响他的理性判断能力。

这种情况，在很多被拐卖的妇女身上，表现得尤为明显。她们遭受了长期的身心摧残，最终放弃了逃跑的想法，并接受了在当地的生活。即便有逃跑或者离开的机会出现，曾经遭遇的长期绝望也已经改变了她对未来的预判，继而选择"同意"和"认命"。

知识链接

怎样走出"习得性无助"的沼泽？

塞利格曼指出，消极的行为事件或结果本身并不一定导致无助感，只有当这种事件或结果被个体知觉为自己难以控制和改变时，才会产生无助感。这种归因方式容易使人产生消极情绪，最终陷入"习得性无助"中。要消除习得性无助感，最重要的是要改变不良的归因模式，不要总把失败归因于能力，尝试把失败归于努力因素，使自己更加努力。

电影《肖申克的救赎》里，对于习得性无助具备极强免疫力的主人公安迪说过："每个人都是自己的上帝，如果你自己都放弃自己了，还有谁会救你。懦怯囚禁人的灵魂，希望可以令你感受自由。这个世界上可以穿透一切高墙的东西，就在我们的内心深处，那就是希望。希望是美好的事物，也许是世上最美好的事物，美好的事物永不消逝。强者自救，圣者渡人。"

你可能不敢相信，记忆是个大骗子

人生的大事小事，都与记忆撇不开关系。没有了记忆，就跟没有大脑差不多，生活也就失去了意义。那你知道，记忆到底是什么吗？你对它有多少了解？它是不是你想的那样呢？

记忆，是过去的经验在人脑中的反映。有了记忆，人才能保持过去的经验，才能积累经验、扩大经验，把先后的经验联系起来，使心理活动成为统一的过程，形成个体的心理特征。

记忆有短时记忆和长时记忆两种。

短时记忆对信息的保持时间约为一分钟，比如看到一个新的电话号码，当时能记下来，但过后想要用的话，还得翻找文字记录。

长时记忆是指存取时间在一分钟以上，能保持许多年甚至终生不忘的记忆。大部分的长时记忆都是对短时记忆内容的加工。虽然长时记忆存储在大脑里，但在提取时会受到时间和各种因素的影响，比如你看到多年未见的同学，看着对方很面熟，却叫不出名字。

有人会问：记忆这个东西，是不是完全可靠呢？这个还真不一定。

德国心理学家艾宾浩斯通过进行无意义音节的记忆实验，发现了一种普遍存在的遗忘规律，即"艾宾浩斯记忆曲线"：在学习的20分钟后，遗忘达到了41.8%，而在31天后遗忘达到了78.9%。所以说，记忆随着时光流走，遗忘一直都在发生。

艾宾浩斯记忆曲线

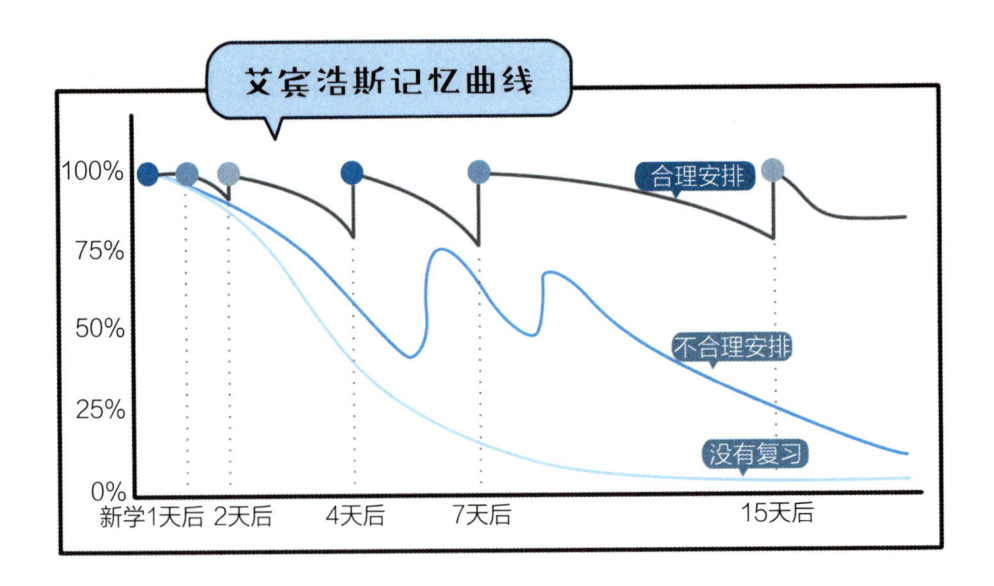

（图表：横轴为新学1天后、2天后、4天后、7天后、15天后；纵轴为0%至100%。三条曲线分别标注为"合理安排""不合理安排""没有复习"）

除了这种传统的遗忘，记忆还会发生下面这些现象：

虚构。有些人在谈论一些事情时，说得就像那真的发生过一样，其实这些东西都是他想象出来的，以此填补自己的记忆缺陷。严重的虚构是器质性脑病的特征之一，与病理性谎言不同，后者只是喜欢幻想，想靠制造虚假的经历博得他人的同情和关注。

错构。事件是真实发生的，但在追忆的过程中加入了一些错误的细节。

屏蔽。屏蔽记忆是个体对童年时发生的、与某种重大的或伤害性的事件有一定联系的平凡小事的记忆。人们通过对这件小事的回忆，不自觉地抑制或阻碍对那个重大的或伤害性事件的回忆，掩盖其他记忆及相关的情感和驱力，借此防御痛苦体验的再现。

选择性记忆。只能记忆对自己有利的信息，或只记自己愿意记的信息，而其余信息往往会被遗忘。这种记忆上的取舍，就叫选择性记忆。

情绪性记忆闪回。那些激起我们强烈情绪的事件，会让我们记得更清楚，你越是想忘记，越是记得深刻，比如恐怖袭击、刻骨铭心的虐恋，等等。

现在，你还敢相信自己的记忆吗？

知识链接

人为什么会遗忘呢？

把信息存在计算机的硬盘里，只要不出现故障，它会一直待在那里。人脑为什么不能像计算机一样，永不遗忘呢？有人说，这是因为脑中的记忆随着时间的推移减弱了，也有人认为是因为学习过程中受到了其他因素的干扰。

不少研究证实，长时记忆的遗忘，有自然消退的原因，但更主要的是由于信息间的相互干扰；一般来说，先后学习的两种材料越相近，干扰作用越大。几乎所有长时记忆的遗忘，都是由于某种形式的信息提取失败。

为什么我们总是管不住自己？

明知道自己超重该减肥了，却还是忍不住吃高热量的食物；明知道该早点完成任务，却还是忍不住刷微博、发微信！为什么我们总是管不住自己呢？你有没有为此烦恼过？

弗洛伊德在人格理论中将人格分为三个部分：本我、自我和超我。

本我，即我们个性中最原始的部分。本我的原则是追求快乐，完全按照自己的本能去做事。在婴儿时期，我们就是这样生活的，吃奶、排便、哭泣，随心所欲，只要活得舒服就好，没有人强迫我们按照社会的基本准则来行事。

超我，即使人进行道德判断和自我控制，能按照社会准则做事的部分。这是因为，在成长过程中，我们从家庭、学校以及社会中学到了各种规范。超我的职责就是在道德和良心的控制下，压抑本我的冲动，知道什么事情该做，什么事情不该做，不能毫无理性地追求快乐。

自我，是基于本我产生的，在自我支配下，会运用已经学到的规则约束本我，但同时又用现实的客观条件来调节本我和超我之间的矛盾，让自己既能理性地获得快乐，又能避免痛苦。所以，自我通常都是按照现实的原则来支配行动的。

当一个人有较高的道德准则时，超我会发挥作用，抑制本我的享乐冲动；当一个人降低对自我的要求时，本我就会开始享受快乐。处于两者之间

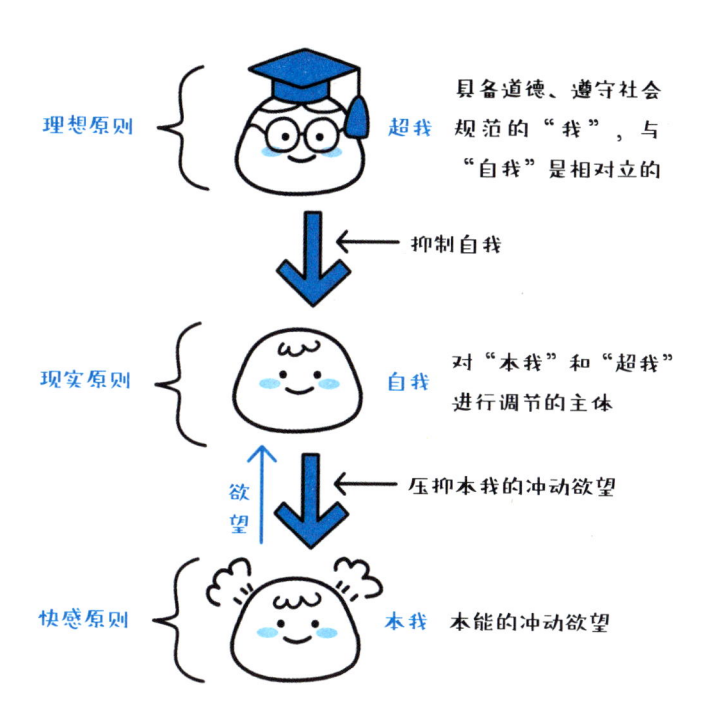

```
理想原则 { 超我 }  具备道德、遵守社会规范的"我",与"自我"是相对立的
                ← 抑制自我
现实原则 { 自我 }  对"本我"和"超我"进行调节的主体
         ↑欲望 ↓ ← 压抑本我的冲动欲望
快感原则 { 本我 }  本能的冲动欲望
```

起到重要调节作用的，就是自我。依照弗洛伊德的说法，想管住自己，得先提高内心的道德准则，每次控制不住享乐后，内心的自我就开始对本我进行抨击，让自己产生负罪感，下次控制不住的时候，想想这种难受的罪恶感，控制不住的情况就会减少。

知识链接

延迟满足的益处

1970年，美国斯坦福大学博士沃尔特·米歇尔做了一个棉花糖实验，受试者都是四五岁的孩子。工作人员在每个孩子的桌子上放了一块棉花糖，告

诉他们自己要离开一下，15分钟后会再回教室，并且让孩子们知道，他们随时都可以吃掉那个糖果，但如果谁没有吃掉，将会得到另外一块棉花糖。

这是一项通过延迟满足来了解自我控制力的实验。对孩子来说，棉花糖的诱惑太大了，15分钟的时间太长了。自控力差一点的孩子，没到15分钟就把棉花糖吃了；自控力强的孩子，在等待期间尽量转移注意力，忍住了没吃，结果得到了两块棉花糖。

实验表明，每个人的自控力是有差异的。这些参与测试的孩子，在几年后的跟踪调查中，在学习、人际、成长等方面都表现出了明显的差异。自控力强的更善于管住自己，实现目标；自控力差的，只满足于瞬间的快乐。

怎么样，你是不是决定开始"管管"自己了？

学习是不断积累错误行为的过程

还记得桑代克吗？就是那位把猫关进笼子里的心理学家，他一辈子都在琢磨心理学，对不少小动物们进行过研究。他曾经在哈佛大学做过一个小鸡走迷津的实验，跟猫逃离笼子的实验有些相似。他发现小动物在死胡同里转来转去的时候，偶尔会找到出口，逃出困局，但需要花费很长时间。经过多次寻找，它们寻找出口的时间会缩短；经过一段时间的训练后，它们会很快找到出口，成功逃出。

桑代克指出，小动物们是没有逻辑推理能力的，它们之所以能够逃出困局，主要在于不断地尝试，有了失败的经验后，不会再犯同样的错。据此，他推断出，学习其实就是机体的"刺激"与"反应"之间的联结，是一种不断积累错误行为的过程。换言之，不是智商决定了学习成果，而是孜孜不倦、不畏失败的进取心。

2006年，英国广播公司进行了一项有趣的实验，并将其称为"变聪明指南"。被试者根据指南上的建议，在一周中尽最大可能去完成那些要求。这些建议都很简单，有空的话你也可以试试，看自己是否变聪明了？

星期一：徒步或骑车上班，晚餐以鱼肉为主。

星期二：学习几个陌生的单词，用它造句对话。

星期三：跑步健身或冥想，和陌生人交流。

星期四：换一条路线上班，玩脑筋急转弯游戏。

星期五：告别咖啡和酒精，把要买的东西列出清单。

星期六：不用惯用手刷牙，洗澡的时候闭眼。

星期日：玩拼字游戏，在公园散步。

试验过后，多数受试者都表示，他们变得聪明了一些，其中有些人的智商竟然提高了40%！这说明，智力可以通过后天的训练来提升，如改变饮食习惯、增强情商、多进行创意思考等。

知识链接

智力测验，能说明什么？

你有没有做过这样的事情：找一些智力测量题做，按要求计分，最终查看自己的智商。有时，测出的结果让自己很吃惊，或超出正常人，或是分值比较低，自己都觉得不可思议。

对这种测验，当成娱乐就好了。我们说点儿科学的，智力测验有正式的量表，比奈-西蒙智力量表是世界上第一个测量智力的正式量表；后来，斯坦福大学以此为基础，修订出斯坦福-比奈量表；再后来，又发展出了韦氏智力量表、瑞文测验等量表。

真想测试一下的话，找这些比较靠谱！

不过，智力测验不是测量身高、体重，能获得精准的数值，它一定是有"误差"的，不能盲目迷信。曾经，有一位国外的女士，为了给儿子提供更多的机会，帮助儿子在斯坦福-比奈智力测验中作弊，这就有点武断了。

一个人测试出来的智商值高，就代表他真的聪明吗？如果他恰好善于玩智力游戏，擅长做智力测试，又该如何解释呢？在使用智力量表时，只要把分数当成参考就行了,不能将其作为标准。尤其对孩子来说,发展是持续一生的,能力的培养是多方面的,除了智商外,性格、人品等也是不容忽视的。

Chapter 3

认识自己是世上最难的事

把你限制住的人，往往是你自己

美国科普作家阿西莫夫，自幼聪明过人，年轻时参加过多次智商测试，得分都在160分左右，可谓是"天赋极高"的人。一直以来，他也为此感到很得意。

有一回，他遇见了一个熟识已久的修理工。修理工向阿西莫夫打招呼，对他说："博士，我想来考考你的智力，这儿有一道思考题，看你能不能正确回答出来。"

阿西莫夫点点头。修理工开始出题："有一个聋哑人，想买几根钉子，他来到五金店，对售货员做了这样一个手势：左手两个指头立在柜台上，右手攥拳做出敲击状。售货员先给他拿了一把锤子，聋哑人摇摇头，指了指那立着的两个指头，售货员瞬间明白了，他想买钉子。聋哑人买好钉子，刚走出商店，又进来一位盲人。这位盲人想买一把剪刀，你觉得他会怎么样做？"

阿西莫夫不假思索地回答："盲人肯定会这样。"说着，伸出食指和中指，做出剪刀的形状。修理工一听就笑了，说："你答错了。盲人想买剪刀，只要开口说'我买剪刀'就行了，何必要做手势呢！"

智商160的阿西莫夫，被汽车修理工嘲笑了一番："我早知道你会答错，你受的教育太多了，不可能太聪明。"

其实，阿西莫夫聪明与否，跟他受教育多少没有关系，并不是人学的知识多了反而变笨了，而是由于知识和经验多了，会在头脑中形成较多的思维定式。从心理学上解释，这种效应是人们的认知局限于既有信息或认识的现象，它会束缚人的思维，让思维按照固有的路径展开。

思维定式有时能帮我们解决问题，但有时也会阻碍我们解决问题。心理学家曾在1930年研究过定式在解决问题中的作用：对一部分被试者利用指导语进行指向性的暗示，对另一些被试者不予以任何指向性暗示。结果，前者绝大多数都能解决问题，后者几乎没有一个能解决问题。这足以说明，定式对于解决问题有很大作用。

与此同时，定式对问题的解决也有干扰作用。有个著名的实验，你可能也听过：把苍蝇和蜜蜂装进一个玻璃瓶中，把瓶子平放，让瓶底朝着窗户。结果，蜜蜂不停地在瓶底寻找出口，一直到精疲力竭倒下或饿死；苍蝇却不到两分钟，就穿过另一端的瓶颈逃出去了。

蜜蜂之所以逃跑失败，就因为它受限于出口就在光亮处的思维模式，想当然地设定了出口的方位，不断重复这种看似合乎逻辑的行动。苍蝇完全没有逻辑，就是四下乱飞，反倒逃了出去。

把这些事实运用到生活中，得出的启示就是：能把你限制住的，只有你自己。人的思维空间是无限的，就像曲别针一样，有多种可能的变化。也许，你此刻正处在看似山穷水尽的境遇中，但如果能跳出固执的思维定式，往往就能柳暗花明。

思维定式

知识和经验在头脑中形成思维定式

你果然上当了，嘻嘻！

呀，被你的话绕进去了。

人是很难改变自己的行为方式的，但是改变了之后你或许会成为人生赢家

自己吃不着葡萄，为什么要说葡萄酸？

伊索寓言里有这么一个故事：一只狐狸走过葡萄园，看着鲜美多汁的葡萄，不禁停住了脚步。饥肠辘辘的它，很想吃葡萄。它试着往上跳，伸手够葡萄，却怎么都不成功。一连好几次，它都以失败告终。最后，狐狸放弃了，离开果园的时候，一边走一边念叨："这葡萄肯定是酸的，就算摘到了也没法吃。"

正要摘葡萄的孔雀，听到了狐狸的话，心想："既然是酸的，那就不吃了。"孔雀又告诉准备摘葡萄的长颈鹿，长颈鹿又告诉了树上的猴子。结果，猴子说："我每天都吃这儿的葡萄，甜着呢！"说着，就摘了一串吃了起来。

生活中，你有没有过和狐狸一样的心态呢？比如，明明很想买一栋房子，买一辆车，却因资金不足无法实现，就安慰自己："买房子还得背负贷款，买车还得保养，不买反倒省心，过得轻松呢！""吃不着葡萄说葡萄酸"，究竟是种什么心理呢？

1959年，美国心理学家利昂·费斯廷格提出了认知失调理论，即一个人的行为与自己先前一贯的对自我的认知产生分歧，或从一个认知推断出另一个对立的认知时会产生不舒适感、不愉快的情绪。这里的"认知"指的是任何一种知识的形式，包含看法、情绪、信仰，以及行为等。

我们总希望自己的心理处于平衡状态中，但生活中总有一些东西是求而

心理学与生活

①两种矛盾的认知（认识、看法）会产生认知失调

（虽然很想购买一辆车，但资金不足，只能说有车太麻烦，得经常保养，无车反而更轻松）

怎么样？

嗯……不想买了。

实际上很想买车。

认知失调

②因为认知失调会让人产生不快感，所以就要设法消除不协调

真实原因是资金不足，想要撒谎却没有正当理由，所以感到不愉快

③为了消除不协调，需要改变两种认知中的一种

（改变自己的本意，从而让自己感到没有撒谎）

虽然买不起，但是……

态度的改变

（深信不买车挺好的）

不得的，此时就会出现认知失调。为了重新达到心理平衡的状态，我们必须想办法去降低目标的诱惑性，或是转移自己的注意力。

当然了，也有人不说"葡萄酸"，而反称"柠檬甜"，这也是调节认知失调的方法。我们都知道，柠檬是酸涩的，可对于自己拥有的东西，哪怕它再不好，也要说成好的，不然的话，心理就太不平衡了！有谁愿意让自己难受呢？

知识链接

如何减少认知失调？

在态度与行为产生不一致的时候，通常会引起个体的心理紧张。为了克服这种由认知失调引起的紧张，我们就需要采取一些办法，减少自己的认知失调。一般来说，减少认知失调的方法有四种：

第一种，改变态度。（以减肥为例，改变自己对减肥的态度，让它跟以前的行为保持一致，如我喜欢美食，我不想真的戒掉它。）

第二种，增加新的认知。（如吃东西能减缓我的压力，让我保持愉快的心情。）

第三种，改变认知的相对重要性。（如享受生活和美食，选择健康，比节食减肥更重要。）

第四种，改变行为。（如我会加强锻炼，把吃掉的东西消耗掉。）

心理学与生活

每个人都想表现理想化的自己

生活中的你,和身在职场中的你,是一样的吗?在家人面前的你,和在朋友面前的你,又是一样的吗?在众人面前的你,和独处时的你,又有什么不同?是不是很多时候,你自己也说不清楚,到底哪一个才是真实的自己?

要解释这个问题,我们先来讲个故事:

一个酒鬼在酒吧门口被一个修女拦住了,修女告诉他酒是罪恶和毁灭的根源,饮酒会玷污灵魂和肉体。酒鬼看了看修女,问她:"你怎么知道喝酒不好呢?"修女没有回答。

见此情形,酒鬼又问修女:"你从来没喝过酒吗?"

"没有。"

"那我们一块进去,我请你喝一杯,你会知道酒精不是坏东西。"

修女想了想,说:"好吧,那我试试。不过,我要是进去,别人会误会的。这样,你进去给我要一杯,记住要用纸杯。"

酒鬼走进酒吧,对侍者说:"给我两杯威士忌,一杯用纸杯。"

侍者嘟囔着:"准是那个修女又在外面!"

无须多言,你也一定看明白了,那个修女是很喜欢喝酒的,但碍于自身的社会角色(修女),为了饮酒的行为不受其他人的批评,她选择了一种迂回的策略,防止自己的"人格面具"受到破坏。

所谓人格,是指一个人与社会环境相互作用表现出的一种独特的行为模式、思维模式和情绪反应的特征；而人格面具是一个人公开展示的一面，是个体内在世界和外在世界的分界点，由瑞士心理学家荣格提出。人格面具通过我们的身体语言、衣着、装饰等来体现，以此告诉外部世界我是谁，用人格面具去表现理想化的我。人们之所以需要戴人格面具，是为了给他人留下好的印象，得到社会认同，保证自己与他人和睦相处。

人格面具是有多重性的，在家里你可能是丈夫、儿子、父亲，但在职场上你可能是领导、下属、客户等。当所佩戴的面具不同，人的行为方式也会表现出差异，如一个严厉的领导，在面对孩子时，却是温情温和的长辈。这样做是为了让我们的行为更符合社会规范。当然了，如果一个人过分沉溺于自己所扮演的角色，认为自己就是自己扮演的角色，以致受到人格面具的支配，就会离自己的天性越来越远。

知识链接

你的气质类型是什么？

在解释人格这个问题上，心理学界有诸多理论，几乎不同时期都有不同的说法。比较著名的理论，是公元前5世纪时希腊医生希波克拉底的理论，他把人格分成了四种类型：多血质、黏液质、抑郁质和胆汁质。

这四种人格分别有什么样的特征呢？我们不妨借助一些典型的人物来分析一下。

多血质：情感和行为动作发生得快，变化得也快，总体上较为温和。最具有代表性的人物，莫过于《红楼梦》中的王熙凤了。

黏液质：情感和行为动作进行得比较迟缓、稳定，缺乏灵活性。情绪不外显，遇到不愉快的事情也不动声色，《三国演义》中的曹操就是一个典型。

抑郁质：情感和行为动作进行得相当缓慢，柔弱，多愁善感，体验相当深刻，隐而不露。《红楼梦》中的林黛玉，是抑郁质的代表。

胆汁质：情感和行为发生得迅速，而且强烈，性格开朗，热情坦率。《三国演义》中的张飞，是一个非常明显的例子。

现实中，不是每个人的气质都能归结于某一种气质类型，除了极少数人具有某种气质类型的典型特征外，绝大多数人都偏于中间型或混合性，只是某种气质相对突出一些而已。

乔哈里视窗：认识自己的心灵之窗

一对年轻的夫妇去看画展。妻子有高度近视，她站在一幅画面前认真地看了半天，而后大声地叫起来："天呐，世界上怎么会有如此难看的女人？"丈夫听到后，赶紧走上前去，悄悄地提醒妻子："亲爱的，别喊了。这不是画，是镜子。"

这是一个笑话不假，但若用心理学来解读，我们就不得不说到"乔哈里视窗"。这是心理学家鲁夫特和英格汉提出的一个模式，用"窗"来比喻一个人的心。普通的窗户有四个部分，人的内在也可以分为四个部分：开放我、盲目我、隐藏我、未知我。笑话里提到的"妇人难看"的事实消息，就属于"盲目我"的区域。

开放我——左上角的那一扇窗，也被称为公众我，属于自由活动领域。这是自我最基本的信息，也是自己清楚别人也知道的部分，如性别、外貌、职业、爱好、特长等。开放我的大小取决于自我心灵开放的程度、个性张扬的力度、交际的广度、他人的关注度、开放信息的利害关系等。

盲目我——右上角的那一扇窗，属于盲目领域。这是自己不知道而他人知道的部分，如有些人习惯失信却不自知，有爱眨眼的小动作自己也感觉不到。盲目我的大小与自我观察、自我反省的能力有关，通常来说，善于内省的人盲目我比较小。

隐藏我——左下角的那一扇窗，也称隐私我，属于逃避或隐藏领域。这

	自己知道	自己未知
他人知道	开放我	盲目我
他人未知	隐藏我	未知我

乔哈里视窗

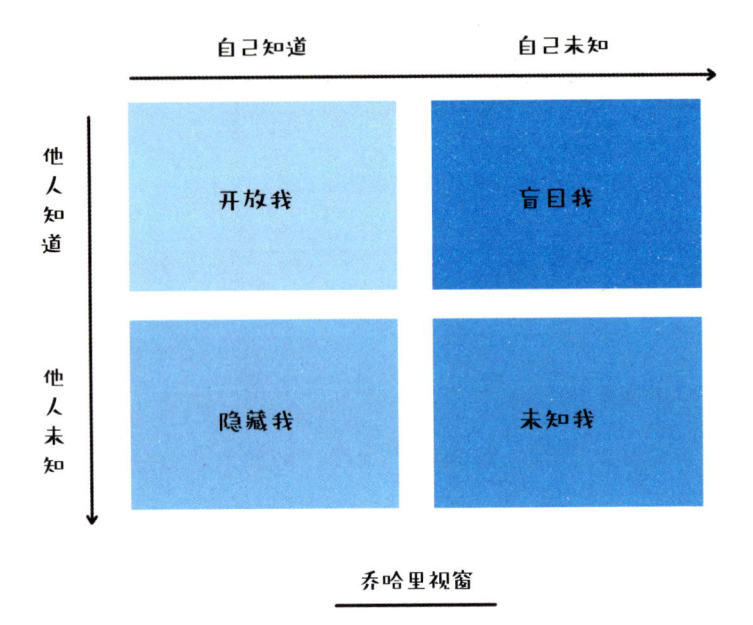

是自己知道而他人不知道的部分，也就是我们常说的隐私，不愿意或不想让别人知道的事实或心理，如身份、缺点、往事、痛苦、愧疚、尴尬等。一般来说，心理承受力较强的人，隐忍、自闭、胆怯、虚伪的人，隐藏我更多一些。

未知我——右下角的那一扇窗，也称潜在我，属于未开发领域，是自己和别人都不知道的部分，通常是指潜在的能力或特性。如一个人通过训练或学习，可能获得的知识与技能，或是在特定的条件下才会展示出来的能力，这也包含着弗洛伊德说的潜意识层面，就像藏在海水下面的冰山，巨大而又不易被看到。

明明是孪生姐妹，性格却大相径庭

提起同卵双胞胎，很多人的第一反应就是"哇，这两个人长得好像"，可深入接触后，他们可能会惊讶地发现，有些孪生的兄弟姐妹只是外貌相似，彼此在性格上有很大出入。普通人多半会感叹，可当一位心理学家碰到了这样的情况后，却开始了深思。

这位心理学家通过观察发现：两个同卵双生的女孩，长得很像，生长环境也一样，可性格截然不同。姐姐性格外向，喜欢与人交往，热情大方，处理问题也很果断，很早就具备了独立工作的能力；妹妹胆小怯懦，不善交际，遇事也缺乏主见。到底是什么原因，导致了姐妹两人在性格上的这种差异呢？

认真分析后，心理学家得出结论：她们充当的"角色"不一样！出生以后，父母对待她们的态度有很大差别，虽是孪生姐妹，可父母就认定先出生的为"姐姐"，后出生的为"妹妹"，要求姐姐必须照顾妹妹，要对妹妹的行为负责。同时，也要求妹妹一定得听姐姐的话，遇到事情要和姐姐商量。如此一来，姐姐不但要培养自己的独立性，还得扮演另一个角色，就是妹妹的保护者，而妹妹一直充当着被保护的角色。

人们以不同的社会角色参加活动，这种因角色不同而引起的心理或行为变化被称为角色效应。放眼望去，不只是孪生子才有"角色效应"，普通人也会受到角色的影响。比如，你扮演了"老师"的角色，就会受到"为人师表"等角色要求的影响；你充当"警察"的角色，就会受到"英勇无畏"等角色要求的影响。

> **知识链接**

用"角色扮演"的游戏教育孩子

心理学家做过一个有趣的实验：邀请一些不太懂礼貌的孩子，参加一个特别的晚餐。在晚餐中，孩子们竟然一反常态，在文雅氛围的熏染下，意识到自己是有教养的"客人"角色，并按照这种社会角色来约束自己，很快就变得有礼貌了。

这个实验说明，如果能赋予孩子适当的角色，当他对这个角色有了一定的理解时，他就会按照角色的规范来要求自己，在个性心理或行为上发生一些变化。所以，在教育孩子的过程中，不妨有针对性地为孩子安排一定的角色，让孩子扮演，从而让他学会某些知识或规范。

你会用"眼不见为净"欺骗自己吗？

网络上疯传过一段搞笑的小视频：年幼的儿子端了一杯水给坐在沙发上的父亲，父亲满心欢喜，喝下了那杯水，表扬了儿子；过了一会儿，孩子又舀了一杯水，父亲又喝了，觉得儿子太贴心了；儿子的行为受到了鼓舞，继续重复让父亲喝水。这时候，父亲起身离开原位，在经过卫生间时，看到儿子正在用杯子从马桶里舀水……猜猜看，父亲的心理阴影有多大？

想都不想用，他一定有反胃的感觉，可真的是那水让他感到不适吗？要知道，他在得知真相之前，已经喝下了两三杯，那时候他并没有觉得不舒服啊！相信多数人都遇到过类似的事：菜里有根头发，没看见的时候，不会觉得它不干净；看见了之后，就再也吃不下去了，还会想把之前吃进去的吐出来。为什么会这样呢？

这就是我们常说的"眼不见为净"，若我们讨厌的东西没有在视线范围内，这些东西带来的不快就会消失。从心理学上讲，这是一种心理保护的机制，也被称为自我欺骗，即看到自己难以接受的事物或遇到无法忍受的事件时，人们通常会采取否定、逃避的态度。

生活中遇到难以忍受的事，如失恋、失业、患重病等，短时期的自我安慰是可以的，但经常性的自我欺骗并不可取。事实就是事实，终要面对，自我欺骗是解决不了问题的，偶尔缓解一些疼痛，也不过是幻想，到了清醒的时候，痛苦会加倍。

什么是真正的勇士？就是敢于直面惨淡的人生呐！

犯错的时候，总觉得自己是被迫的

一个杀了别人全家的犯人被抓获后，丝毫没有悔恨之意，嘴里一直念叨："我是被逼的，都是他们逼我的，他们要是不逼我，我也不会这么做。"

不怪我！
都是别人逼的！
是社会的错……

一个偷窃犯被抓后，愤懑不平地说："有活路的话，谁愿意去做小偷？这个社会太不公平了，我实在没有选择了。"

一个专门抢劫富人的劫匪，被抓获后也说："抢他是应该的，他的钱不是好来的，都不干净。我把钱给自己，给困难的人，这是劫富济贫。"

是不是觉得这些话听着很熟悉？无论是纪实片还是影视剧里，都会冒出这样的片段。明明犯了杀人、抢劫、偷窃的罪，为什么非要把责任推到他人身上呢？

这种行为在心理学上叫"自我宽恕",指的是我们对于自己的错误、缺点总是可以很轻易地原谅,而对于别人的却不行。在与他人发生冲突时,人很难站在客观的立场上审视彼此的错误,而只会站在自己的立场上,认为自己是正确的、是好人,与自己对立的都是坏人。哪怕是犯下十恶不赦之罪的人,也会为自己找借口。

每个人的性格里都有不可避免的缺点,但不是人人都能看到。生活中的很多纷争,就是因为人们不肯承认自己的错误,非要让对方认错而引起的。如果人人都能做到反省自我,认识到自己的错误,敢于承认,积极改正;对他人多点理解,多点宽容,世间就会少很多纷争。

真正的谦卑，不是表面上装样子

古希腊雅典的一座神庙里，有一道神谕，说世界上最聪明的人是苏格拉底。这样的美赞谁不喜欢？可苏格拉底却说："我唯一知道的事，就是我什么也不知道。"

神谕上之所以说苏格拉底最聪明，是因为他意识到了自己的无知，天底下最大的智慧莫过于能意识到自己的无知。心理学上有一个皮尔斯定理，说的就是一个人只有意识到自己的无知，才能进步，才能充满活力。看那些妄自尊大的人，总是在人前夸夸其谈，显摆自己知之甚多。殊不知，一个自以为无所不知的人，才是真正一无所知的人。越有智慧的人，越会感觉自己知道得不够多，要更努力地去学习。

真正的谦卑，是在对自己进行清晰的剖析后，意识到自己的无知而流露出来的真实态度，而不是表面上装装样子。承认自己无知，有不懂的事物，没什么好丢脸的，这是弥补无知的前提。不管在什么时候，处在什么样的位置，人都得有自知之明，认清真实的自己，不要被他人的恭维蒙蔽了神智。

不值得的事不要做，把值得的事做好

伦纳德·伯恩斯坦是世界有名的指挥家，可他最喜欢的事却是作曲。伯恩斯坦年轻时师从美国知名作曲家柯普兰学习作曲，附带学习指挥。他很有创作天赋，曾经写出了一系列出色的作品，几乎成了美洲大陆的又一位作曲大师。

就在伯恩斯坦正发挥着作曲天赋时，他的指挥才能被纽约爱乐乐团的指挥发现，力荐他担任该乐团的常任指挥。伯恩斯坦一举成名，在近三十年的指挥生涯里，他几乎成了纽约爱乐乐团的名片。

功成名就是不是让伯恩斯坦很有价值感？不，在他内心深处，依然更热衷于作曲。闲着的时候，他总要把自己关在房间里作曲，可是作曲的灵感已经很难回到他身边了，除了偶尔闪现的灵光以外，多数时候他感受到的都是苦闷和失望。因为在他内心深处，有一个声音始终在折磨着他："我喜欢创作，可我却在做指挥！"

伯恩斯坦的这种心理，其实就是陷入了"不值得定律"中，即从主观上认定某件事是不值得做的，那么在做这件事时，就不会全力以赴把它做好。即便做好了，也不会有成就感。伯恩斯坦是优秀的，可他并不开心，他的经历也提醒我们：选择自己所爱的，爱自己所选择的；不值得做的事不要做，值得做的事，就要把它做好。

> 如果不值得做，就不值得认真做好
>
> 做事没有成就感

知识链接

什么事情是值得做的呢？

生活中时刻都面临着选择，我们如何判断一件事情是否值得做呢？通常来说，一件事值得做与否，取决于三个因素：

第一，价值观。只有符合我们价值观的事情，我们才会满心欢喜地去做。

第二，个性和气质。如果做一份违背自己个性气质的工作，我们往往是很难做好的，这就好比自己明明很内向、很害羞、不善于沟通，却非要去做销售或公关，肯定是很难受的。

第三，现实的处境。同样的一件事，在不同的处境下去做，感受也不一样。如果你在一家大企业做勤杂工，你可能认为是不值得的，可当你被提升为后勤部主任时，你就不会这么想了，反倒会觉得很值得做。

话说回来，理想总是丰满的，现实有时却很骨感。当我们不得不去做一些不喜欢的工作时，最好的处理方式就是调整心态，把它当成值得做的事情去做。用这样的态度去面对工作，你将无往而不利。

世界上不存在天生的"厚脸皮"

我们经常会听人说："哎，那个人脸皮真厚。"说这话时，很少有人知道，这个世界上没有天生厚脸皮的人，所谓的"厚脸皮"，都是因为后天得不到尊重，时间久了，羞耻感逐渐降低形成的。

心理学家告诉我们，每个人天生都有自尊心和羞耻感，哪怕是一个六个月大的婴儿，也能识别"好脸"和"坏脸"，你笑他也笑，你吼他便哭。人人都是有自尊的，只有从小尊重和培养一个人的自尊，他才会有羞耻感。

在生活中，无论是父母、老师对孩子，还是上司对下属，都应该了解这个定律，用鼓励和夸奖去对待对方，即便是批评，也要注意方式方法。人与人之间互相指责时，更要当心这个定律的影响，特别是夫妻之间，若不努力提升沟通的艺术，一味用粗暴的口气跟对方说话，到最后两个人在潜意识里都会破罐破摔，觉得自己就是粗鲁的人，一切都无所谓。

心理学与生活

自己选的彩票中奖率真的更高吗？

日本的一家保险公司，发行了一批头奖为500万美元的彩票。之后，他们将彩票以每张1美元的价格卖给自己的职工。有一半买主的彩票是自己选的，另一半买主的彩票是卖票人选的。到了抽奖那天，公司专门调查了一下那些买了彩票的人，并对他们说自己的朋友也想买彩票，希望他们能转让出来。你猜，持有彩票的人会以多少钱的价格出售自己的彩票呢？

调查结果显示，不是自己挑选彩票的人，平均每张票的售价是1.96美元；由自己挑选彩票的人平均每张票的售价是8.16美元。这说明，自己选彩票的人，相信他们的中奖率更高一些。

这种情况涉及心理学中的一个错觉原理：对于那些非常偶然的事，人们以为凭借自己的能力可以支配，这种感觉被称为"控制错觉"。这种错觉的产生，是由于我们平常的生活都是由自己来支配的，因而人们就把这种感觉扩展到了偶然性的事件上。

偶然性的事件有概率的约束，但具体到每一次的结果却无法被控制。这就好比，别人给你买的彩票，和你自己买的彩票，从概率上来说中奖的可能性是一样的，人们也知道这个道理，可在实际操作中，人们还是更相信自己"精心挑选"的彩票更容易中奖。正因为这种控制错觉，很多人掉进了赌博的沼泽中，难以自拔，甚至倾家荡产。知道了这个原理以后，多提高点警惕，在遇到偶然性事件时，就不会那么执拗了。

别人口中的你，是不是真实的你？

自我意识，是一个人对自己的认识和评价，包括对自己的心理倾向、个性心理特征和心理过程的认识与评价。人一定要有自我意识，才能控制和调节自己的思想与行为。

自我意识由三方面构成，即自我认识、自我体验和自我调节。所谓自我认识，就是人对客观自我的认识与评价；自我体验是人对自身的认识而引发的内心的情感体验，是对自己持有的一种态度，比如自卑、自信、自尊、羞耻等；自我调节就是对自己的思想言行的控制。

很多人会问：谈了半天自我意识，它到底有什么用呢？

回想一下：当有人对你进行抨击的时候，你会不会由此消沉？当有人说你的选择不对、你的想法有问题时，你会不会怀疑自己？当有人提及你的卑微出身时，你会不会感到自卑？

此时，自我意识的作用就凸显出来了！别人口中的你，是真实的你吗？你能不能在外界的流言蜚语中，正确认识自己的价值呢？

正确的自我意识，会让我们学会积极地接纳自我，平静而理智地对待自身的优缺点，用发展的眼光看自己。对优点不骄傲，对短处不回避，不妄自菲薄，也不妄自尊大，成为真实的自己，并在此基础上不断进行自我完善。

知识链接

"我永远是鞋匠的儿子！"

美国总统亚伯拉罕·林肯是一个非常伟大的人物，这不仅在于他的政治领导才能，还在于他自信、正直的人格魅力。

在当选总统之前，林肯经常因为相貌问题遭到政客的讥笑。有一次，他的政敌用犀利的言语攻击他："你长得太丑陋了，简直不堪入目。"林肯并不生气，而是笑着回应："先生，你应该感到荣幸，你将因为骂一位伟人而被人们所认识。"

林肯首次在参议院演说之前，有议员想要羞辱他。当林肯站在讲台上的时候，有一位态度傲慢的参议员站起来说："林肯先生，在你演讲之前，我想让你记住，你是一个鞋匠的儿子。"所有的参议员都笑了，等着看林肯的笑话。

待大家的笑声停止后，林肯说："我非常感谢你，你让我想起了我的父亲。他已经过世了，我一定会记住你的忠告，我永远是鞋匠的儿子。我知道，我做总统永远无法像我父亲做鞋匠那样做得那么好。"

参议院顿时寂静了。林肯对那位傲慢的参议员说："就我所知，我父亲以前也为你的家人做过鞋子。如果你的鞋子不合脚，我可以帮你改正它。虽然我不是伟大的鞋匠，但我从小就跟父亲学到了如何做鞋子和修鞋子的艺术。"

林肯的这番话，有没有给你带来什么启示？我们都应该客观公正地给自己定位，学会接纳自我，如此才能被他人所接纳。

你看到的世界，是你内心的投射

1921年，瑞士精神科医生罗夏编制了一种测验人格的方法：测验的材料由10张墨迹图组成，10张图片中有5张是黑白的，3张是彩色的，另外2张除了黑色外，还有鲜明的红色。这10张图片有一定的顺序，施测的时候每次出示1张，同时问被试者："你看这像什么？""这让你想起了什么？"被试者按照自己所想象的内容自由地描述。

这时，如实地记下被试者说的每一句话，记下每一次反应所需要的时间，以及行为表现。记录完毕后，要询问被试者是根据墨迹的哪一部分作出的反应，以及引起反应的因素是什么？而后对回答内容进行详细记录。

这个实验到底有什么作用呢？实际上，那些图片本身并没有特定的寓意，所有的情境内容都是被试者潜意识里的想法，他所看到的一切，都是他内心世界的投射。这在心理学上被称为"心理投射"，是一种"以己度人"的心理倾向，即个体把自己的感情、意志、特性、态度等加到其他对象的身上，从而遮蔽了客观的真实面貌。这种倾向，通常都是无意识的，因为很多时候，我们对自己真实的想法讳莫如深，但借助一个中性的客体，却往往能吐露出真情。

心理学家荣格认为，心理投射是一种抵抗焦虑的防御机制，其表现就是把一种存在于自己身上的品质或态度潜意识地强加于另一个人。比如一个不善言谈的女子，希望通过漂亮的外表吸引异性的注意，以便通过暗示的方式达到交流的目的。倘若此时有另外一个女子也用这样的方式，且表现得更加成功，她就很容易产生心理投射，认为她的竞争对手采用的是"不正当的手段"。所以说，投射是把一个人认为在自己的情绪和人格中不能接受的或受到质疑的部分，转移到其他人身上，从而感到一种暂时的放松和安宁。

你所看到的世界，不过是内心的投影

心理投射，存在积极和消极之分。

积极投射会使人看到别人身上一些优秀的品质，而事实上他自己可能也具有这样的品质，这样的投射驱使着他希望与对方相识。当这种投射发展到极端，会使人产生占有对方的欲望，所谓的一见钟情就是最典型的例子。另外，积极的投射也可能导致嫉妒等不良心态。

消极投射就是把自己身上的消极情绪排斥到外部世界去，这些被排斥的消极内容是投射者本人所讨厌或害怕的东西。如一个脾气暴躁的人，会把发脾气的原因投射到他人身上，指责对方做了让自己忍不住发火的事情。事实上，这种投射往往都是不能被意识接受的那些东西，也就是所谓的阴影。

无论是积极投射还是消极投射，都无法持续长久。倘若一个人对一位前辈非常钦佩，但随着交往的深入，在对方身上看到了许多不良品质，此时他就会产生"祛除投射"的愿望。这个过程是很痛苦的，因为它意味着之前的观念和行为是不当的。但是，为了整合自己的人格，加速个性化进程，祛除投射也是必要的，我们的心理就是在这个过程中获得成长的。

知识链接

伤痕实验的启示

美国的科研人员，曾经做了一个有趣的心理学实验：他们安排一些志愿者在没有镜子的小房间里，由好莱坞的专业化妆师在其左脸做出一道血肉模糊、触目惊心的伤痕。志愿者被允许用一面小镜子照照化妆的效果，而后镜子就被拿走了。

实验员告诉志愿者，这个实验的目的，是观察人们对身体有缺陷的陌生人作何反应。可爱的志愿者们被派往各大医院的候诊室，他们都以为自己带着鲜血淋漓的伤痕。

从医院回来的志愿者，几乎都向实验者传递出同样的感受——"人们对我比以往粗鲁无礼、不够友好，总是盯着我的脸看。"真相是这样吗？

其实，在这些志愿者离开化妆室前，化妆师告诉他们要往脸上涂一层粉末，防止伤痕不小心被擦掉，事实上，化妆师偷偷地清除了伤痕。这些志愿者从化妆室走出去时，就是他们原来的样子。那么问题来了，到底是什么让他们觉得自己被歧视了呢？

答案就是：自我投射！

就算没有心理学家设置的"疤痕"，每个人的心里也或多或少会有一些这样或那样的"疤痕"。之后，这些心中的"疤痕"会通过人们对外界和他人的言行，毫无遮掩地展现出来。

当我们认为自己不够可爱甚至令人生厌、卑微无用、有缺陷时，在与外界交往中，就会不知不觉用我们的言行反复进行佐证，直到让每个人都认定我们确实就是那样的一个人。可见，恰恰是心中的"疤痕"频频作怪，才让志愿者的言行、对陌生人的感受与以往大为迥异。

Chapter 4

为什么我们会"那样做"

别人都这么做时，我也这么做了

国外的一位心理学教师，曾在某个班级里做了一次"权威效应"的实验。他向学生介绍一位"化学家"："这位教授是国际上有名的化学家，他最近研制出了一种新的化学品，我跟他很熟，所以专门请他在课上为大家展示一下这项新的研究成果。"

这位"化学家"拿出了一个瓶子，里面装满了透明的液体，他告诉学生，自己目前正在研究一种化学药品的感知效应，现在他展示的是一种新药，其味道可以在空气中迅速传播，只有对化学药品有敏锐感知的人，才能够闻到空气中的味道。

接着，他打开了瓶子。学生们屏住呼吸，用心感受，都希望自己是对化学药品有敏锐感知的人。而后，大家开始谈自己的感受，有人说这是一种跟其他化学药品的味道完全不同的东西，有人说教授打开瓶子后自己立刻就嗅到了香味，等等。总之，没有一个人说自己没有感受到这种化学药品的味道。

等大家讨论得差不多了，这位"化学家"揭开了谜底：他不是什么化学家，而是本校的一位心理学教师；瓶子里装的不是什么新型化学药品，而是最常见的自来水。

想象一下：当你置身在那样的环境中时，会不会也跟其他人一样，相信那是带有特殊气味的化学药品呢？这样的事情，在我们的生活中时常发生，最常见的就是在路口成群结队地闯红灯。这些情况都说明了一个问题：大部分人都有从众心理。

从众效应

当个体受到群体的影响，会怀疑并改变自己的观点、判断和行为，朝着与群体观点一致的方向变化

　　从众心理，指的是个人受到外界人群行为的影响，而在自己的知觉、判断、认识上表现得符合公共舆论或多数人行为意向的倾向。原因就是，没有人愿意自己在做某件事或某个决定时，跟大多数人不一样。人们总觉得多数人的决定应该是对的，因而也乐于做出和众人一样的决定或行为。简单地说，就是随大流、人云亦云。

　　从众有积极的一面，它有助于我们学习到别人的经验智慧，少走弯路，修正自己的思维方式和行为。但很多时候，它也存在弊端，比如束缚思维、抑制个性发展、扼杀创造力，甚至减弱了人们对生活的激情，使得我们在生活方式、文明习惯乃至人生境界方面都陷入流俗与浮躁中。

　　一般情况下，多数人的意见是对的，少数服从多数也不会出什么错。可是别忘了，具体问题具体分析，在产生了从众的想法时，记得多分析思考随大流是否真的可取，切忌盲从。

被一件睡袍"胁迫"的烦恼

很多女性朋友都有这样的体验：到商场买了一件心仪的上衣，心里很高兴，可随后就觉得没有合适的裤子搭配它，还得添置一条裤子；等裤子也买完了，突然看鞋子也不顺眼了，还想再买双鞋、买条围巾、买个新包……其实，这就是心理学中所说的"配套定律"。

18世纪时，法国哲学家丹尼斯·狄德罗收到了朋友送的一件质地精良、做工考究的睡袍，他穿着新睡袍在书房里走来走去，总觉得身边的物品是那么不协调：家具或是太破，或是风格不符，地毯的针脚也粗得吓人。为了和睡袍相配，他把旧的东西陆续更新，书房终于跟上了睡袍的档次。可这时候，他心里却不舒服了，因为他发现自己居然"被一件睡袍胁迫了"。于是，他就写了一篇文章——《与旧睡袍别离之后的烦恼》。

200年后，美国哈佛大学经济学家朱叶丽·施罗尔在《过度消费的美国人》一书中，提出了一个新概念，即"狄德罗效应"，指的是人们在拥有了一件新物品后，总倾向于不断配置与其相适应的物品，以达到心理上的平衡，这种规律后又被称为"配套定律"。

从本质上来说，狄德罗现象也没什么好坏对错之分，只能说是有利有弊。从宏观方面来说，它能促进经济的发展，刺激消费；从个人角度来说，过分追求"配套"容易透支消费能力。个体应当意识到欲望是无穷无尽的，要把握一个适度原则。

> 知识链接

一双象牙筷子毁了一个强国

商纣王继位后不久，叔父箕子看到他请工匠用象牙制作筷子（现在可是禁止的噢），担忧不已。箕子心想：既然你用了稀有昂贵的象牙作筷子，杯盘碗盏恐怕也得换成精美器皿；餐具一旦换成了象牙筷子和玉石盘碗，就要千方百计地享用山珍美味了；在尽情享受美味佳肴之时，肯定要穿绫罗绸缎，住奢华宫殿。

果然，一切就如箕子所料。仅仅过了五年光景，纣王就演变到了穷奢极欲、荒淫无耻的地步。纣王的腐败行径，不仅苦了老百姓，而且将一个国家搞得乌七八糟，最后被周武王剿灭。可见，不懂得克制，一味地被"配套定律"牵着鼻子走，后果很严重。

自私的选择，真的能利己吗？

一桩严重的纵火案发生后，警察抓到了两个犯罪嫌疑人。事实上，这场大火就是他们两个人放的，但警方没有充足的证据，只好把他们隔离囚禁起来，要求他们交代犯罪过程。在这样的情形下，两个囚犯都可以做出自己的选择：

选择1：供出自己的同伙，与警察合作，背叛同伙。

选择2：始终保持沉默，与同伙合作，不与警察合作。

两个囚犯都知道，如果他们均保持沉默的话，两人就会被释放。毕竟，他们拒不承认，警察就没有足够的证据给他们定罪。警察自然也清楚这一点，于是就采取了一点策略刺激他们，告知囚犯他们会面临以下三种情形：

情形1：均承认纵火，每个人各被判刑2年。

情形2：均不承认纵火，两人将因证据不足而各被判刑半年。

情形3：一个交代并愿意作证，沉默的一方被判刑10年，并施以罚款，坦白者会得到释放，同时得到一笔奖金。

两个囚犯会怎么做呢？是选择彼此合作，还是互相背叛？从表面上看，彼此合作保持沉默，无疑是最好的选择，这样两人都会被判半年。可问题是，他们在做出这样的选择时，不得不思考对方的态度和选择。

囚犯A不敢完全相信同伙会保持缄默，毕竟把自己供出来，他就能拿着奖赏获得自由，这诱惑力太大了！可他也知道，同伙不是傻子，也会这样设

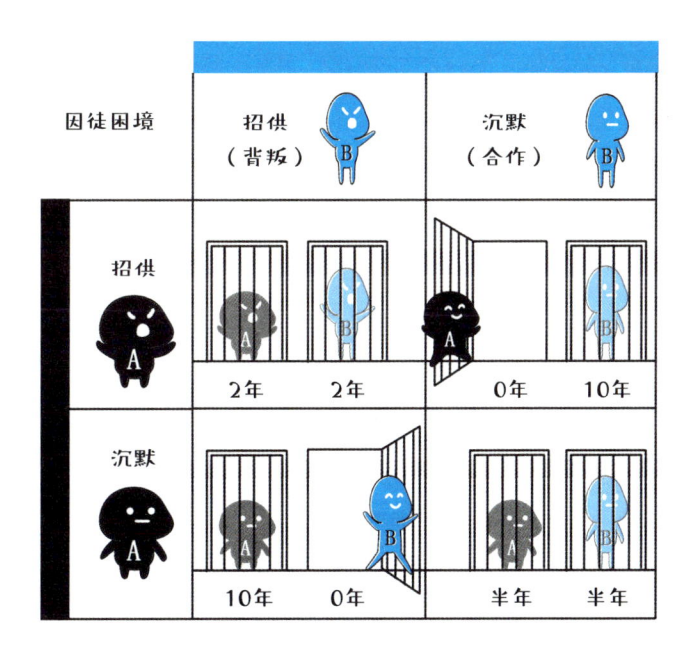

囚徒困境	招供（背叛） B	沉默（合作） B
招供 A	2年 / 2年	0年 / 10年
沉默 A	10年 / 0年	半年 / 半年

想他。所以，囚犯A认为，最理性的选择就是背叛同伙，与警察合作；如果同伙保持沉默，那么他就可以拿到奖金出狱；如果同伙也向警察交代了，那就两个人都服刑，但起码不必服最重的刑。

结果，两个囚犯都按照自己的逻辑做出选择，双双坐牢。

这个故事反映的是一种博弈心理，被称为"囚徒困境"，是由美国普林斯顿大学的数学家阿尔伯特·塔克在1950年提出来的，说的是在一个存在着相互作用的博弈中，最好的策略直接取决于对方采用的策略，特别是取决于这个策略为发展双方合作留出多大的余地。

现实中有很多囚徒困境的现象：在一个合作项目中，大家都想偷懒而指望着自己从别人的劳动中获得好处；国家间的关税战，双方都增加关税来保护本国商品，最终导致双方都失去对方的市场……这些情形，都在提醒着我们：自私地寻求最大效益并不意味着就能得到最好的结果，也不意味着由此可以促进公共的善，只有合作才能获得最好的结果。

相比合作而言，人更倾向于竞争

社会心理学家认为，人与生俱来就有竞争的天性，每个人都希望自己比别人强，每个人都无法容忍自己的对手比自己强。因而，在面对利益冲突的时候，人们往往选择竞争，哪怕拼个两败俱伤也在所不惜；即便是在双方有共同利益的时候，也会优先选择竞争，而不是选择合作。这种现象，被心理学家称为"竞争优势定律"。

有个笑话你可能听过：上帝向一个人许诺，说可以满足他三个愿望，但有一个条件，就是在他得到想要的东西时，他的敌人将会得到他所拥有的两倍。听罢后，这个人开始许愿，第一个愿望和第二个愿望都是得到巨额的财富，而他的第三个愿望却是"将我打个半死"。

虽是笑话，可阐述的道理却很现实，人的竞争意识非常强烈。生活中我们也会遇见同样的情景：上地铁公交时，明知道排队有序地上车会更快，可当车辆进站，多数人都会不由自主地蜂拥而上，结果很多人卡在车门口，挤了半天谁也上不去，让整个效率都降低了。这就是"竞争优势定律"的作用，表明了人的天性更加倾向于竞争而非合作。

那么，在什么情况下，人们会选择合作呢？

在社会环境中，人们往往会根据力量对比的大小来决定选择竞争还是合作。倘若对方的力量太强大，人们多半会选择与之共同完成任务，谁也不愿意拿鸡蛋碰石头。倘若自己更有力量，多半就会采取竞争行为。换言之，竞争优先，合作是不得已而为之的选择。

知识链接

有什么办法，能够化竞争为合作？

竞争优势定律在生活中带来的负面影响还是很大的，想要消除或降低这种不良作用，最好的办法就是推崇"合作双赢"。心理学家荣格提出过这样一个公式：我+我们=完整的我。"绝对的我"是不存在的，"完整的我"应当是融入"我们"的"我"。在合作中实现共赢，才是真正的赢。

原本很好看，为什么非得去整容？

不知从什么时候起，我们的生活中多了一大批"人造美女"，她们奔波于各大医疗美容机构，不惜花费重金，甘愿冒风险去做美容整形术，以求得理想容貌。做了一次之后，总觉得还不够满意，又开始着手为下一次做准备。

中国第一人造美女郝璐璐，原本是一个挺好看的姑娘，却先后做了16次整形手术。很多人不禁会问：这到底是为什么呢？明明不难看，甚至已经很好了，还有什么不满意的呢？

这种行为是一种心理病症，叫作"幻丑症"。所谓"幻丑"，是一种因极度不自信而重复整形的心理病症，就是整形者总是对自己的五官或其他部位不满意，总想通过整形来改变它，哪怕自己的容貌原本很好看，也强迫自己不接受它，而选择反复整容。

"幻丑症"的人在整形这件事上，大致存在三种心理：

第一，过分追求完美。这种人无法正确认识自己、接纳自己，没有正常的审美观。就算本身外形和容貌很好，也不接受，总想通过整形来改变或臻于完美。对这类人，在进行整体判断后，应对其进行劝阻，讲解生理整形的局限性和弊端，给其一个正确的、全面的认识。

第二，改变缺陷。有些人因先天或其他原因，致使身体某些部位存在缺陷，希望通过整形来修补或改变，这是一种正常的整形心理和行为。对这种人，整形医生当与其进行术前的心理交流，并降低其希望值，但对其提出的术后效果要求应尽量帮助实现，且应帮其建立起承担风险的心理能力，预防"幻丑症"的出现。

第三，受他人影响。现在不少人整形是因为崇拜一些演艺人员；或是看到周围的人做了整形后变漂亮了，继而产生了羡慕心理；还有些人是听信了身边人的话，选择做整形手术。他们在主观上没有进行充分思考，也缺乏心理准备，术后未必会觉得满意，还可能陷入后悔自责中，产生心理问题。对这种人，要培养他们独立思考的能力，避免盲目效仿他人，别人的五官放置在自己的脸上，未必真的好看，整体协调才是美。

一旦做出某种选择，就像踏上了不归路

很多人都知道，现代铁路两条铁轨之间的标准距离是1435毫米，可这个标准到底是从哪儿来的呢？究竟是谁规定的呢？

原来，早期的铁路是由建电车的人设计的，1435毫米恰恰是电车所用的轮距标准。最先造电车的人，以前是造马车的，所以电车的标准沿用的是马车的轮距标准。咦，这就有点奇怪了，马车为什么非要用这个轮距标准呢？因为，英国马路辙迹的宽度是1435毫米，如果马车改用其他轮距，轮子很快就会被英国的老路撞坏。

整个欧洲的长途老路都是由罗马人为其军队铺设的，1435毫米恰好是罗马战车的宽度。罗马人选择以1435毫米为标准，原因就更简单了，因为牵引一辆战车的两匹马屁股刚好就这么宽！是不是很有意思？马屁股的宽度，竟然决定了现代铁轨的宽度。

可能很多人会说：时代在发展呀，就没有人想过换一下标准吗？这就是我们接下来要解释的：之所以出现这样的情况，源自一个心理学定律，也就是路径依赖。这是美国斯坦福大学保罗·戴维在1975年提出的，他说："一旦做了某种选择，就好比走上了一条不归之路，惯性的力量会使这一选择不断自我强化。"

从某种程度上说，人们的一切选择都会受到路径依赖的影响，一旦做出了某种选择后，无论是好是坏，都会不断地投入各种资源。在做出下一个选择时，又不可避免地会考虑到前期的投入，无论前期投入能否回收，还有没有价值。当有一天发现自己的选择不再适合自己，前期的投入也会像胶水一样，把我们粘在原来的道路上，让我们无法做出新的选择，投入越大粘得越牢。

知识链接

猴子为什么不敢碰香蕉？

科学家把5只猴子放在一个笼子里，在笼子中间吊了一串香蕉，只要有猴子伸手去拿香蕉，就用高压水枪来教训所有的猴子，直到没有猴子敢再动手。之后，他们用一只新猴子替换出笼子里的一只，新来的猴子不懂"规矩"，竟然又伸出手去拿香蕉，结果触怒了原来笼子里的4只猴子，它们代替人执行惩罚任务，把新来的猴子打了一通，直到它服从这里的"规矩"为止。

实验人员不断地把最初经历过高压水枪惩罚的猴子换出来，最后笼子里的猴子全是新的，可没有一只猴子再敢去碰香蕉。最开始，猴子是怕受到"株连"，不允许其他猴子去碰香蕉，这是合理的。可当人和高压水枪都不再介入时，新来的猴子依然固守着"不许拿香蕉"的制度，这就是路径依赖的自我强化效应。

人为何会做出无视道德的事？

人们在考虑事情时，往往会根据特殊的情境和目的，出现认知错误，犯下不该犯的错。

20世纪90年代，美国发生过这样一件事：一个叫托比的人，大学毕业几年后，决定开办自己的抵押贷款公司，这是他内心里对父亲的一个承诺。在运营的过程中，有一次公司因资金周转不开陷入困境，托比向银行撒了谎。在他撒谎后的几星期里，他发现公司亏损得越来越严重。此时的托比，已经抵押了房子，再也拿不出更多的钱来。为了挽救公司，他让员工帮忙做假账，最终因诈骗罪被捕入狱。

这是一桩严重的银行诈骗案，涉案金额达几百万美元，拖垮了好几家公司，导致一百多人失业。托比的行为得到了惩罚，可他怎么也想不明白，为什么自己当初向父亲承诺过，无论如何也不会做违法的事，到最后却事与愿违。

到底是什么原因，让托比做出了这种非道德行为呢？

研究人员对此产生了兴趣，美国西北大学博士安·特布伦塞尔（Ann Tenbrunsel）认为，一定的认知框架使我们面临道德问题时变得盲目。她借助一个实验，来证明自己的观点。

特布伦塞尔召集了两组被试者，让A组考虑商业决策，B组考虑道德决策。结果，A组的人产生了一个心理清单，B组的人也产生了一个心理清单，两组清单有很大差异。接下来，特布伦塞尔要求被试者参与一个不相关的任务，以此分散他们的注意力，而后为两组被试者提供了一个可以进行欺骗的机会。结果表明，进行商业决策思考的A组，比在道德框架内思考的B组，更有可能撒谎。

特布伦塞尔解释说，商业框架内的思考，从认知方面激活了该组被试者的成就目标，他们渴望胜任、渴望成功；而道德框架则激活了被试者的其他目标。此条结论用在托比的身上，就很容易解释他的行为了，当他身处在商业的框架之中时，大部分的注意力都放在了要挽救公司的目标上，其他的目标（对父亲的承诺）已经不知不觉从视野中淡出了。

这也给我们带来一些启示：在商业合同的开头写上一句话，清楚地表明在合同上说谎是不道德和非法的，也许就能让人们进入正确的认知框架，适时提醒人们小心犯罪，从而减少本可以避免的悲剧。

面对主动搭讪，为何心头一紧？

走在马路上，突然有人主动和你搭讪，你会不会骤然紧张起来，担心对方是坏人？事实上，那个人很和善，他不过是想问问路而已。偶然去酒吧，你在安静地喝酒，突然有位异性和你对视，女性可能会觉得对方有不轨的想法，而男性却觉得对方是被自己的魅力吸引了。

所有的事情都不过是巧合，人们的想法却不尽相同，且所想的内容和事实完全不符，这到底是怎么回事呢？其实，这种情况在心理学上叫作认知偏差。

如何来解释认知偏差呢？

经济学家认为，大脑通常采用简单程序应对复杂环境，所以会出现偏差；社会心理学家认为，认知偏差与自我中心的思维倾向有关，即认知偏差是为了维持积极的自我形象，保持自尊或维持良好的自我感觉而发展来的认知倾向。

不过，进化心理学家认为，上述这些说法都是表面答案，他们提出了错误管理理论。错误管理理论认为，人类在不确定情境下的决策通常面临着出现差错的风险。这些错误可以分为两类：错误肯定和错误否定。错误肯定就是把没病的人当成有病的人，错误否定就是把有病的人识别为没病的人，这些认知偏差都是为了指导人们以犯错的方式来适应世界。

远古时期，人们在野外找食物，看到一种从未见过的果子，在无法判断它是否有毒的情况下，假设它有毒的代价无疑是能够接受的（即便这种判断可能是错的），顶多就是不吃而已；如果假设它没毒，吃了却有可能会付出生命的代价。所以，把不熟悉的果子认为是有毒的错误判断，能帮人们更好地适应环境。

其实，错误管理理论能够解释和预测很多有趣的心理现象，有些错误也的确挺靠谱的。

把没病的人看成有病的，如把残疾人、破相者当成病人看待，这样做的损失很小，顶多是显得自己不够友好而已；倘若把有病的当成没病的人，在医疗条件不好的时代，那危险可就大了，得了传染病很可能就会死掉。

陌生人不一定是坏人，但在无法判断对方是好人还是坏人的情况下，显然多点警惕性是好的，万一把坏人当成了好人，后果不堪设想。所以，默认陌生人是坏人的心理，也是在帮我们适应社会生活。

知识链接

在择偶问题上，男女为何会犯不同的错？

对女性来说，听到男人对自己表达爱意，无疑是最令人激动的浪漫情节了。但问题是，表白的男人可能是真心的，也可能是在说谎。此时，女人会"错误"地低估男性承诺的可靠程度，哪怕是听到了甜言蜜语，也得多思量思量，万一他说的是假的，自己信以为真，那岂不是要承受被骗的风险吗？

另外，女性还会高估男性的强暴意图。在进化过程中，女性经常面对被强暴的危险，且这种风险在排卵期时更为严重。所以，排卵期女性可能会"错误"地高估男性的强暴意图。这就是女性在恋爱中表现出的认知偏差。

男性的认知偏差也有自己的特色。在进化环境中，男性留下的后代的

心理学与生活

> 再坚持一段时间，饭店的生意可能就能转好了，不然之前投入的成本就都打水漂了。

> 要不要把不用的杯子扔掉呢？……还是留着吧。

沉没成本效应
明知应该放弃，但又为之前所付出的成本感到惋惜，从而继续坚持

维持现状的偏差
比起变化带来的东西，更看重可能因此失去的东西

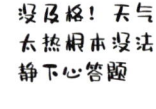

> 得了100分！我真是太聪明了。

> 没及格！天气太热根本没法静下心答题

自利性偏差
偏向于对自己的成功做个人归因，对失败做情境归因

> 果然晴天打雷了！

> 抛了九次硬币，每次都是正面朝上，这次应该是反面。

后见之明偏差
就是所谓的"事后诸葛亮"

赌徒谬误
认为先前的结果会影响下一个结果出现的概率

各种各样的"认知偏差"

数目，受到跟自己发生关系的女性个数的限制，一个男性拥有更多的交配机会，无疑会让他可能留下更多后代，这对他自己是有利的。所以，在判断异性是否对自己有好感时，他们都会犯"自作多情"的毛病。有个姑娘对他笑一笑，他可能就会偏执地认为对方喜欢上了自己，这样会增加自己的交配机会。相比这种认知偏差所犯的错误，低估女性对自己的兴趣，代价反而更大。

危难面前，真的有人不怕死吗？

2012年8月的一天，纽约时报刊载了这样一篇报道：

一名携带枪支的人驾车来到密尔沃基市郊的一所锡克教寺庙，他用随身携带的9毫米口径的手枪射击人群。在这场突如其来的灾难中，有人当场逃亡，有人挺身而出，试图制服这名暴徒，以免他再伤无辜。

在死亡的6人中，其中一人在被暴徒射杀之前，曾对其进行过劝说，但最终无果。可即便如此，他依然被人视为英雄。接到报警的第一位警察，也在试图劝阻暴徒的过程中不幸中了9枪。令人欣慰的是，这位警察经过救治活了下来。

毫无疑问，这位受害者和警察都是人们敬仰的英雄。问题是，为什么在危难面前，他们能主动站出来劝阻暴徒，试图解救众人，而有人却第一时间想着逃生呢？这样的事情，在其他危急情境中，也时常会看到。求生是人的本能，究竟是什么原因促使他们做出与人类本性不符的行为呢？

要解释这个问题，没那么简单。有心理学研究表明，那些甘愿承受危险的人，更加讨人喜欢，且作为旁观者来分发酬劳的人，也会给他们更多的报酬。从长远来看，利他行为是有利可图的。可问题是，在危难之际，他们真的有时间去思考行为之后的利益吗？

还有人觉得，英雄主义是一种随机的行为。在对参与过阿富汗战争和在伊拉克服过兵役的数百名退役军人的调查中发现，那些幸存者很多都被视为英雄。根据他们的描述，在艰苦的环境中不少人都想过逃跑，只是碍于严厉的军纪，无法实现。倘若运气好，在战争中活了下来，就有可能被称为英雄，但其实他们本身没有英雄主义情结。

给英雄下定义要难于给懦夫下定义——后者也许就是："在危险、紧急的情况下用腿思考，而非用脑。"但试图拯救别人的那些人，也许仅是一时冲动，不假思索，随机而为——但是他们没有选择退缩或逃跑。

越被禁止的东西，越让人念念不忘

土豆刚从美洲引入法国时，很长时间都无人问津。宗教迷信者把它称为"鬼苹果"，医生认为它对身体有害，农学家说土豆会让土地变得贫瘠。这些"权威人士"的论断，让人对土豆产生了一种抗拒心理。

法国知名农学家安端·帕尔曼切在德国当俘虏时，吃过土豆，也知道它的美味。他想回到法国种植土豆，可因为权威人士的论断，没有人支持他。后来，他想了一个办法。

1787年，他在国王的允许下，在一块有名的低产田里栽培土豆。按照他的要求，这块土地有专门的皇家护卫队看守，但只是白天看守，晚上撤回。

这让人们产生了强烈的好奇心：到底是什么东西，居然要用皇家护卫队来看守？肯定是好东西，才担心被人偷呢！人们这么一想，就猜测土豆肯定是非常好吃的东西，就禁不住诱惑，晚上偷偷地挖土豆，种到自己的菜园去。

结果不言而喻，土豆得到了众人的认可和喜爱，帕尔曼切也顺利实现了自己的目的。为什么明着推广的时候没人要，被禁止后反倒让人念念不忘呢？

这是人们的好奇心理在作怪，这种心理也被称为"禁果定律"：越是被禁止的东西或事情，人们越会对它产生好奇和关注，内心充满了窥探的欲望和尝试的冲动。原本一个很平常的事物，遮掩起来就会吊人胃口，使人们很想得到，非要弄个明白。不然的话，人们内心会一直被好奇折磨着，总觉得被禁止的东西一定都是好的，所以才不轻易让人得到。况且，费尽心思和力

气得到的东西，总会给人一种成就感，使人更加珍惜。

知识链接

为什么"棒打鸳鸯"总是失败？

莎翁的名剧《罗密欧与朱丽叶》描写了一段爱情悲剧。罗密欧与朱丽叶深深相爱，但由于两家是世仇，感情得不到家人的认可，还遭到了百般阻挠，可两人的感情却丝毫没有减弱，反而爱得更深，最终双双殉情。后来，心理学家就把"男女恋爱时，父母干涉阻挠，使彼此相爱更深"的现象称为"罗密欧与朱丽叶效应"。

出现这种情况，是因为人都有自主的需要，都渴望能独立自主，不愿受人控制。一旦别人越俎代庖，替自己做选择，或把这种选择强加于自己时，人们就会产生一种心理抗拒，排斥自己被迫选择的事物，而更加喜欢自己被迫失去的事物。心理学家还发现，越是难得到的东西，在人心目中的地位越高，价值越大，越有吸引力。

心理学与生活

为什么有些失恋者会变成工作狂？

某高校的一位教授，年轻时跟一位优秀的知识女性恋爱，结果对方觉得两人性格不合，提出了分手，嫁给了别人做妻子。这对他的打击非常大，他总觉得再也找不到像前女友那么优秀的对象了，就一辈子都没结婚。没有成家的他，把所有的心思都扑在了事业上，最后成了学界的泰斗。

你周围有没有这样的人？失恋之后，他把所有的心思都放在了另外的一件事上，大都是工作。他忙得不可开交，每天兢兢业业，充满了斗志。到底是什么心理在支配着他的行动呢？

事实上，这在心理学上叫作代偿行为，即当遇到难以逾越的障碍时，人们会放弃最初的目标，通过实现其他类似目标的办法，寻求内在的满足。

心理的代偿往往是对现实中不足的弥补，可以有效地转移痛苦，使心理获得平衡。代偿行为有一个特点，倘若B和A相比更容易达到，或者价值不如A，就很难对A形成代偿；只有当B和A很相似，得到B的困难程度与A相似或大于A时，B才具有较大的代偿价值。

当然了，如果对最初的目标的渴望非常热烈，那么就很难找到可以代偿的东西。这大概就是古人说的——曾经沧海难为水，除却巫山不是云。像上文中所讲的那位教授，就没有在恋爱中找到合适的代偿对象，但他选择了另一种途径，就是将欲求转移到可以获得高度社会评价的对象上去，这种代偿也称为"升华"。

是什么导致了三个和尚没有水喝？

你一定听过这个故事："一个和尚挑水喝，两个和尚抬水喝，三个和尚没水喝。"故事所阐述的道理是，做人要勤奋，不能凡事都想着依赖他人。这样的解释没错，但现在我们要从心理学的角度来分析一下，为什么"三个和尚没水喝"。

心理学家黎格曼曾经做过一个实验：挑选8个工人作为被试者，让他们用力拉绳子，测试一下他们的拉力。第一次，他让每个工人单独拉绳子；第二次，他让3个人一起拉绳子；第三次，他让8个人一起拉。他原本以为，拉力会随着人数的增加而增加，但结果并非如此：单独拉绳的人均拉动了63公斤；3个人拉的人均拉动了53公斤；8个人拉的人均拉动了31公斤，不到单独拉时的一半。

黎格曼把这种个体在团体中较不卖力的现象称为"社会懈怠"。社会懈怠现象在后来的研究中得到了进一步证实。研究者曾让大学生以欢呼鼓掌的方式尽可能地制造噪声，每个人分别在独自、2人、4人、6人一组的情况下做。结果，每个人所制造的噪声随着团队人数的增加而下降。

心理学与生活

为什么会产生社会懈怠现象呢？

心理学家给出的解释是：人们可能觉得团体中的伙伴没有尽力，为了求得公平，自己也减少努力；或是认为个人努力对团体微不足道，团体成绩只有很少一部分能归于个人，个人的努力与团体绩效之间没有明确的关系，所以不愿意全力以赴。

显然，社会懈怠不是一个值得提倡的行为，要消除这种现象，最好的办法就是让每个成员都感受到更多的责任和价值。如果你是一个管理者，那么恭喜你，你真的要绞尽脑汁地去想策略，避免社会懈怠现象对团队业绩的影响，挑战可不小呦！

知识链接

社会懈怠与旁观者效应的区别

在社会懈怠的现象中，我们似乎嗅到了一点"旁观者效应"的味道。不过，这两者之间还是有区别的，千万别混淆哦！

社会懈怠效应，是指个体在团体中较不卖力的现象；旁观者效应，是在紧急情况下由于有他人在场，个体没有对受害者提供帮助的情况。尽管两者都是由于情境中他人的存在而导致责任感降低的表现，但前者和团体有关，后者情境中的他人不是同一团体的成员。

现在，试着回想一下生活中发生的事，哪些是社会懈怠效应，哪些是旁观者效应？对比一下，你就会发现它们真的是两码事！

叛逆行为背后的诉求，你看见了吗？

心理学家费尼·贝克和辛德兹做过一个实验：

在某大学的男洗手间里挂上禁止涂鸦的牌子，其中一块以严厉的口气警告"严禁胡乱涂写"，落款为"大学警察保安部长"；另一块以相对柔和的口气声明"请不要胡乱涂写"，落款为"大学警察区委员"。每隔两个小时，换一次警告牌，而后调查挂牌子的洗手间里被涂写的数量。结果，那块挂着"严禁胡乱涂写"的洗手间被涂抹的情况更为严重。学生们似乎有一种心理：越是严加禁止，越是摆出权威，我越要去涂抹。

其实，这就是心理学上的逆反情结，也称为逆向心理和对抗心理，是指人们彼此之间为了维护自尊，而对对方的要求采取相反态度和言行的一种心理状态。人的自我价值是一个人热爱生活、追求生活意义的心理根基，任何人都无法接受自己无价值地活在世上。当一个人的自我价值受到影响和损害时，他会本能地进行自我价值的保护，在态度和行为上抗拒外界的劝导和说教，这种逆反心理也被称为"自我价值保护逆反"。

在教育孩子时，认识到这种对抗心理的存在非常必要。如果不分场合地教训孩子，看到他有问题就劈头盖脸训斥一通，那么哪怕你的批评是对的，孩子也会感觉"丢了脸面"，自我形象和自我价值受到了贬低和损害。为了显示自己是有主见的，他们就会对父母的话形成抵触和对抗。你让他往东，他偏偏要往西，简直就成了现代版的"哪儿有压迫，哪儿就有反抗"。

心理学与生活

"有奶便是娘"这句话是真的吗？

美国威斯康星大学灵长类研究所所长哈洛，在1958年至1961年期间做了一个实验：用两个假妈妈来养育刚出生的小猴子。一个假妈妈是用金属丝做成的母猴，胸前放着一个奶瓶；另一个是用类似真母猴肤质的软布做成的，但没有奶瓶。

生活中，我们常说"有奶便是娘"。按照这个说法，小猴子应该会靠近金属丝做的母猴，因为那里有奶瓶。可事实上，小猴子没有那么做。它对金属妈妈很冷淡，只有感觉饿的时候，才会爬到金属妈妈身上吃奶；多数时候，它都待在布妈妈身边，喜欢紧紧地抱着它，特别是在受到惊吓或不安的时候，会死死地搂住对方。如果布妈妈身上也有奶瓶，那么小猴子几乎不会去碰金属妈妈。

在小猴子下地玩耍的时候，如果放入一个自动玩具，它会立刻逃到布妈妈身上。可是不久之后，它会开始观察，试探性地碰触玩具，最后开心地玩起来。可在金属妈妈的笼子里成长起来的小猴子，遇到这样的情况，会长时间地躲在一边，惊惧万分，不敢碰玩具。

这个实验表明：小猴子对母亲的依恋，主要不是因为有奶吃，而在于有没有柔软的、温暖的皮肤接触。同时，在另外的实验中还发现，布猴喂养大的小猴，存活率高于其他代理妈妈照顾的小猴，且后者成年后会出现胆小、畏缩、攻击性强、情绪不稳定等问题。

幼猴与"布制代母"之间形成了"依恋关系"

从实验联系到生活，孩子与母亲的肌肤接触，对于消除孩子的不安和形成孩子情绪稳定的性格，有着重要的影响。婴儿与母亲（或照看者）之间亲密、持久的依恋关系，是儿童生存和发展的最基本需要。孩子与母亲依恋关系的质量，会影响到他今后与其他人的交往。

心理学上把这种情形称为"皮肤饥渴"，指的是那些在小时候很少得到母亲的拥抱、亲昵的孩子长大后形成的一种潜在而又深刻的对被爱、被关心、被抚慰的渴望感，如果这种感觉过于强烈，就会导致一种病态的情感需求。

这种肌肤接触是广义的，除了让孩子感受到母体的温暖和柔软外，对视时的眼神、说话的语气、母亲的呼吸、母亲的气味和微笑，都是让孩子感受到母爱的途径。所以，我们要重视对孩子的早期关爱，最好的办法就是多拥抱、抚慰孩子，多跟他们说话、玩耍。

不只是孩子，成年人也需要这种关爱。在面对沉重的生活压力时，无论是男性还是女性，无论外表多么强悍能干，其内心都有脆弱的一面，都渴望被人关爱，尤其是亲人给予的情感慰藉，能让他/她觉得自己被关注、被重视。

知识链接

看了这个，你会爱上拥抱的！

西方人把拥抱视为一种日常交往的礼仪，而中国人却不太习惯这种亲密的打招呼方式，这主要是文化差异导致的。但其实，拥抱真的是一个好东西，它能满足人类的很多需求。

婴儿出生后的第一件事，就是接受成人的拥抱，这是人类最原始、最本能的需求。婴儿渴望在母亲的拥抱中吃奶、睡觉，而妈妈也渴望拥抱孩子，享受那种精神上的幸福。国外很多人类学家研究证明，一个从小在妈妈的拥抱中长大的孩子，性格和智力都会得到很好的发展，缺少妈妈拥抱的孩子，性格偏向孤僻，心理和智力也会受到影响。同时，拥抱能给人带去精神上的抚慰。一个长期不被别人拥抱的人是孤独的，一个长期不去拥抱别人的人是冷漠的。

多跟周围的亲人朋友拥抱一下吧！既能传递心意，又能促进感情，还能及时地给自己和他人带来安慰，这件事很值得做。

Chapter 5

别让负面情绪毁了生活

心理学与生活

为什么一首曲子会让军心涣散？

秦朝末年，楚汉相争，刘邦和项羽在垓下展开了生死之战。刘邦的军队把项羽的军队包围了，为了削弱楚军的抵抗力，谋臣张良想了一个办法：在彭城山上用箫吹起了悲伤的楚国歌曲，还让汉军士兵中的楚国降兵跟着一起唱。

山谷的回声，传到了楚军的军营，战士们听到了缠绵悲伤的歌曲，涌起了思乡之情。大家的斗志松懈下来，毕竟没有人喜欢战争，每个在战场厮杀的士兵都渴望赶紧回到家乡，与亲人团聚。更何况，在四面楚歌的情形下，败局似乎已定，谁愿白白地牺牲自己的生命呢？

战争是最需要士气的，可这首浓浓的思乡之曲，却让楚军的战斗力大减。士兵们在这首歌的感染下，有的逃跑，有的斗志松懈，只想投降保全性命。结果，在两军对战时，项羽兵败自杀，刘邦得了天下。

不过就是一首曲子，如何让军心都涣散了呢？

这里涉及心理学中的"情绪共鸣"原理：在外界的刺激下，一个人的情绪和情感的内部状态和外部表现，能够影响和感染他人，使他人产生相同或相似的情感反应。我们在阅读文学作品、看影视剧时，也会有类似的体验，动情的时候甚至会落泪；看到一幅开阔的油画时，瞬间就体悟到一种天人合一的境界，这些都是情绪共鸣。

心理学家们联想到，既然人的情绪可以被另一种情绪感染，那么能不能用情绪共鸣来治疗某些心理疾病呢？事实证明，真的是可以的。当我们心理出现问题时，可以利用良好的情绪来感染不好的情绪，让情绪恢复到良好的状态。

音乐疗法就是心理治疗的一种，对于不同的心理困惑者，心理治疗师会对他使用恰当的音乐来影响他的情绪。比如，对抑郁症患者播放《命运交响曲》《百鸟朝凤》等有振奋作用的乐曲；对狂躁症的人播放《梁祝》小提琴协奏曲等舒缓的音乐。

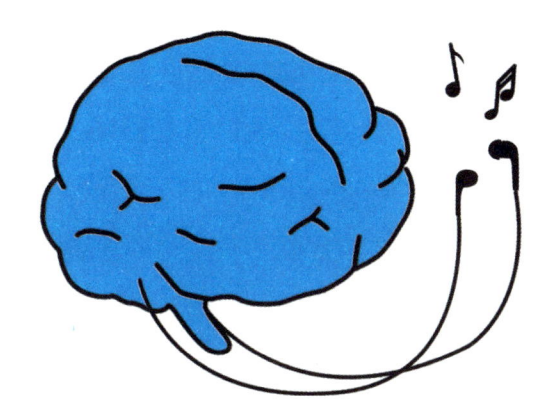

心理学与生活

厌恶感的存在，到底有什么用？

说起厌恶感，你肯定不陌生，这几乎是每个人都体验过的一种情绪。

厌恶心理有程度和种类之分：强烈的厌恶，是指听到就难受，看见就想吐；轻微的反应，是指不太喜欢看见某个人，不喜欢某种味道。对于厌恶的人和事，人们有时会选择远离、回避，有时也会选择攻击。

看起来，厌恶心理似乎是一种消极的情绪。毕竟，惧怕一个人，说明你有弱点；讨厌一个人，说明你有偏见。可是，如果仔细分析厌恶这种心理活动，就会发现它也不全是一件坏事儿。心理学理论认为，回避和厌恶本身，往往可以产生防卫的效果，它说明人在一定条件下的行为，是经过选择的结果，而不是盲目所为。

如果没有厌恶感，会发生什么情况？有个故事倒是能说明这个问题。

战国时期的齐国有一个小镇，镇上住着两个自命不凡的、爱吹牛的人。两个人都自称是世界上最勇敢、最不怕死的人。

有一天，这两人刚巧在酒楼碰见了，寒暄了一番后，就开始喝酒聊天。渐渐地，他们觉得有点无趣，其中一人提议，让酒店厨师弄点肉。另一个听罢回答说："不必了，你我身上都有肉，听说腿肚子上的肉是精肉，我们把自己的肉割下来下酒，又新鲜又干净，岂不更好？"

于是，两人真的抽出各自带的腰刀，从自己的腿上割下一块肉，蘸着酱吃了下去。他们一边喝酒，一边吃肉，没过多久，两个人就因为失血过多身亡了。

是不是觉得这两个人挺蠢的？确实，这不过是流传下来的故事，但它也说明了一个问题：盲目地逞勇斗狠是可悲的，吃自己的肉也是很恶心的行为。倘若我们对这种行为心存厌恶的话，也就不会做出这样的蠢事了。

自然界中，只有高等动物才具有厌恶感。

以类人猿来说，它有丰富的厌恶情绪，遇到强敌会躲开，绝不会逞强；低等动物蛇就不同了，无论对手是谁，它都要拼尽体力去搏斗，但常常落得惨败的结局。

人类社会也是如此，那些老实的孩子虽然有点缺乏积极性、进攻性，可他们在行为中有比较大的选择余地，能够客观地判断自己和对手之间的差距，有很好的防卫本领，很少为了不可能获胜的"搏斗"弄伤自己。

我们厌恶的东西，往往是对我们不利或是对他人不利的事情，也是我们不该做的。人的天性都不喜欢欺骗，如果有一天自己说了谎，违背了自己的本性，事后也会内疚，厌恶自己的所作所为。所以说，有厌恶情绪不总是坏的，有时它会提醒我们，什么该做，什么不该做。

进了牙科诊所，为何感觉心安许多？

安慰剂效应，说的是在不知情的情况下，服用完全没有药效的假药，却得到了和真药一样甚至更好的效果。在医学和心理学研究中，这样的情况都很常见。所以，很多医生在对患者进行治疗时，时常会采用"安慰剂效应"，抚慰患者的情绪和心态。

美国牙医约翰·杜斯在近三十年的行医生涯中，就经常碰到这样的情况：有些牙痛的患者在来到诊所后就说，他们到了这儿就感觉好了很多。事实上，这些人没有说假话，可能是他们觉得很快就有人帮自己解决牙病的困扰了，比在家里的时候少了焦虑和恐惧，情绪放松了下来。这和安慰剂的作用，如出一辙。

安慰剂效应针对一些偏重主观性质的疾病（例如头痛、胃痛、哮喘、敏感、压力）比较有效。鉴于此，安慰剂效应研究专家罗莎认为，在大多数情况下，安慰剂未必能起到真正又持久的疗效，而真正意义上的治疗却会被耽误。所以，有病还是得去医院，要正确对待，不能单纯地依靠自我宽慰，或是向外界寻求"安慰剂"。

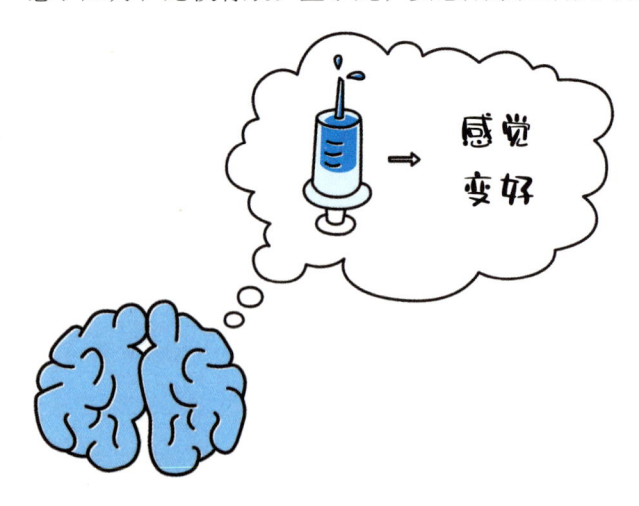

关于寂寞这件事情，你了解多少？

有些人平时情绪挺稳定的，可一到周末就郁闷得不行，总觉得很沮丧，提不起劲儿。按理说，奔波忙碌了一周，好不容易能自由支配时间了，怎么会不开心呢？可现实中，真有不少这样的人，他们最怕节假日，最深的感受就是寂寞，无所适从。

什么是寂寞呢？我们不妨先来看个心理学故事。

几个心理学系的大学生，没赶上发车的时间，只好在候车室等待下一趟列车。距离下趟列车进站还有3个小时，他们觉得很寂寞。这时候，有人就问：什么是寂寞呢？让我们看看候车室里谁最寂寞吧？

找点事情做，会感觉时间过得快点儿。于是，他们立刻在候车室里搜寻"最寂寞的人"。他们看见有个姑娘在专注地看书，不管她看的是什么书，但她一定不寂寞；还有两个小伙子一起下棋，看起来也挺热闹；不远处还有一对情侣，难分难舍地凝望着对方，这显然也不是寂寞的状态。这时候，他们发现一个年轻人，正在百无聊赖地读着车票价目表，大家都觉得，这肯定是一个寂寞的人。

从某种程度上讲，寂寞和期待有相似之处，总是与想改变条件并得到积极活动可能性的愿望有联系。所以，患了重病的人通常不会寂寞，而正在恢复健康的人却比较容易寂寞。心理学家还发现，一个人的内心越丰富，就越不容易寂寞。这样的人，随便做点事情就能打发无聊的时间，但这样的人通常会有些自负。

寂寞对人类的免疫系统有一定的损害，心理学家建议，我们要多去跟他人接触，多培养业余爱好。当生活被有趣的事情填满时，就很容易赶走寂寞。

知识链接

是不是认识的人越多，寂寞越少？

很多人错误地认为，社交圈大一点，寂寞就少了。其实不然，无论一个人接触多少人，若没有亲密的朋友，走不进他的世界，一样会寂寞。若是只有少数朋友，但彼此之间的联结很紧密，也不会觉得寂寞。正所谓：知己难得！

宣泄不满可以提高工作效率吗？

美国芝加哥郊外有一个制造电话交换机的霍桑工厂，厂里的娱乐设施、福利制度都很完善，可员工们还是有各种各样的不满，他们的工作态度直接影响了生产效率。为了提高效率，厂里的领导开始寻求心理学家的帮助。

心理学家来到厂里，耐心地听了员工们的抱怨，他让工人们尽情地宣泄不满。没想到，这件事之后，霍桑工厂的生产效率大大提高。后来，人们就把这种现象称为"霍桑效应"。

霍桑效应，也称为宣泄效应。对于职场人来说，工作的过程就是积累压力的过程，每个人的心理承受能力都是有限的，若不及时排解压力，就会被压垮。所以，工作一段时间后，就得适当地宣泄一下，这样才能维持身心的平衡，更好地处理问题。

当然，这种发泄可不是随意发飙，而是通过积极的、正确的、有效的途径来调节自己的心理。通常，我们可以选择以下几种有益的发泄方式。

第一，看动画片，玩玩具，唤起童心。成人的世界压力太大、无奈太多，连看电视剧、电影都会从角色联系到自身，平添伤感。看动画片就简单很多，动画片充满了幻想，天马行空，轻松活泼，能够唤起童心，让人暂时忘却烦恼。玩玩具也是如此，可以让你度过一段单纯的时光。

第二，参加唱歌、跳舞等娱乐活动。心烦的时候，可以约朋友或单独去K歌，或者去跳热舞，解开职场中的自我束缚，肆意释放个性与情绪。

心理学与生活

　　第三，运动。无论是跑步、登山还是极限运动，都可以给人带来快乐，让压力在汗水或是刺激中得到释放。尤其是极限运动，那种超越自我的快感是一种难以忘怀的乐趣，也是证明自己的一种方式。

　　总之，不开心的时候，千万别憋着，坏情绪就是垃圾，越积累越多。只有适当地宣泄出来，获得心理的平衡，才有继续前行的动力。

为什么太想做成一件事，往往会做不成？

后羿射日的传说，你一定不陌生，这里要讲的故事跟后羿有关，但比射日这件事更有实际意义。后羿是夏朝时的射箭手，无论是平射、跪射还是骑射，样样精通，从没有失过手，因此被称为"神箭手"。

夏王听说了后羿的本领，十分欣赏他，就召他入宫，想亲眼见识一下他的精湛技艺。他安排后羿到一处开阔地，命人拿来了一块一尺见方、靶心直径约一寸的兽皮箭靶，告诉后羿说："这就是你的目标，如果你射中了，我赐你黄金万两；如果射不中，就削减你一千户的封地。"

后羿听罢，心里不由得紧张起来。平素不在话下的靶心，此时变得格外遥远，而他的思绪也开始被黄金和封地缠绕着，难以平静。他取出一支箭搭上弓，摆好姿势开始瞄准射击。没想到，一向镇定的他居然呼吸变得急促，拉弓的手也开始发抖。

终于，箭射出去了，但离靶心还有几分远。后羿很沮丧，悻悻地离开了皇宫。夏王也很失望，说："后羿平时百发百中的，今天怎么大失水准呢？"

这种现象，在心理学上可以用"叶克斯-多德森定律"来解释。1908年，心理学家叶克斯和多德森通过研究发现，中等强度的动机最有利于任务的完成，一旦动机强度超过该水平，则会对任务达成产生阻碍。

后来，进一步研究证明：个体智力活动的效率与其相应的焦虑水平呈U

形曲线的函数关系，即随着焦虑水平的增加，个体积极性、主动性和克服困难的意志力会不断增强，此时焦虑水平对效率起到促进作用；当焦虑水平为中等时，能力发挥的效率最高；当焦虑水平超过了一定限度，过强的焦虑会对学习和能力的发挥产生阻碍作用。

就以后羿为例，平日射箭时他是很平静的，水平自然可以正常发挥；可当夏王召见他，测试他技艺时，明确提出了奖罚的条件，射出的箭关系着他的切身利益，无论是万两黄金还是千户封地都是比较大的"动机"，这大大增加了后羿的焦虑感。换句话说，他太想射中了，太不想失手了，结果事与愿违。

这个定律告诉我们：在做一件事情时，对自己的水平发挥的期待要适度。一来要考虑到自己的实际能力，二来要考虑到目标的相对难度，通过模拟或参照以往的结果来了解自我，判断行动的难度。在进行详细分析后，就能有效地调节焦虑水平，量力而行了。

除了天气外，最善变的就是情绪

这个世界上，什么东西是最善变的？除了天气以外，恐怕就是情绪了。

人在外界刺激的影响下，会呈现出多种不同的情绪，每种情绪都有不同的等级，还有与之对立的情绪状态，如有爱就有恨，有喜就有悲。在特定背景的心理活动过程中，感情的等级越高，越容易向相反的情绪状态转化，所以人们常说"乐极生悲"。

不知道你有没有发现：我们的情绪不仅会在短时间内出现很大的波动，还存在"周期性"变化。20世纪初，英国医生费里斯和德国心理学家斯沃伯特，就同时发现了这种情况：有一些有着精神疲倦、情绪低落等症状的患者，每隔28天就会来治疗一次，他们将28天称为"情绪定律"，认为每个人从出生之日起，情绪都以28天为周期，发生从高潮、临界到低潮的循环变化。

当情绪处于高潮期时，我们会觉得很快乐，精力充沛，能平心静气地做好每件事；当情绪处于临界期时，我们会感到莫名的烦躁，很容易发火；当情绪陷入低潮期时，我们会感到极度沮丧，思维反应迟钝，对任何事都提不起兴趣，甚至会悲观厌世。

千万别小看情绪的大起大落，它对身心有很大的伤害，还会让我们丧失理智，做出出格的举动。意识到这一点，我们就得想办法去克服"情绪定律"，调节日常生活中的坏情绪。比较好的做法就是，有意识地去记录自己

情绪定律

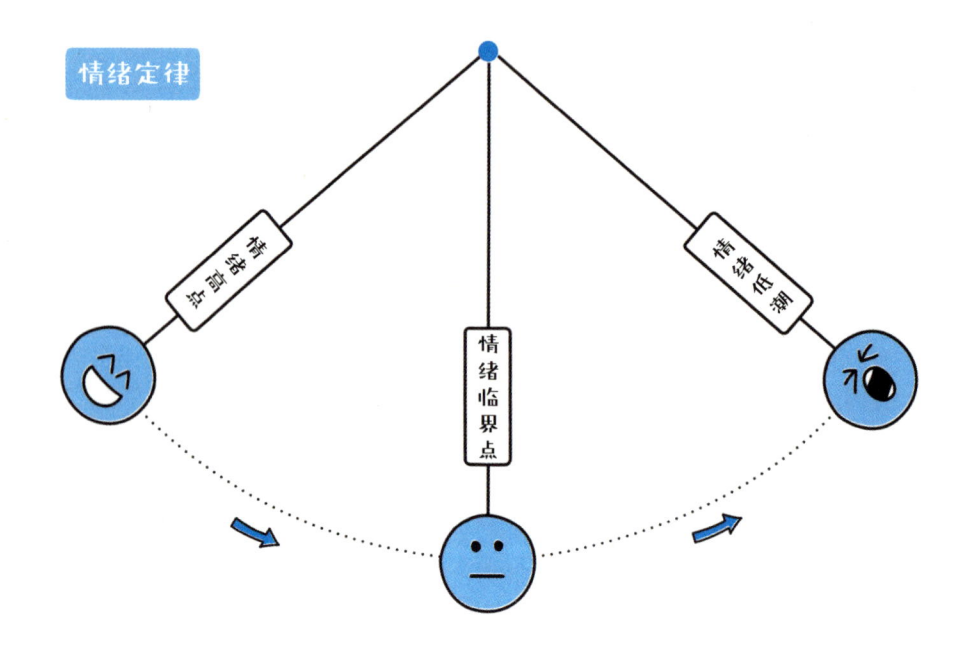

的情绪变化周期，合理安排作息时间，把重要的工作安排在情绪高潮期；情绪低潮时可以多休息、散散心，放慢工作进度，直至安全度过情绪的危险期。

知识链接

少一点对比，就少一点伤害

人生不可能永远都处于情绪高涨的阶段，也不可能时时刻刻都充满诗意，所以保持一颗平常心是很重要的。当处于快乐兴奋的状态时，记得保持冷静和清醒；当情绪低落的时候，也不要回顾情绪高潮时的幸福，隔绝有关刺激源，把注意力转移到一些能够平和自己情绪的事情上。要知道，少一点对比，就少一点伤害！

偶尔当一回"阿Q"也是有好处的

还记得鲁迅笔下的阿Q吗？就是那个跟人家打架吃亏时，就安慰自己说"我总算被儿子打了，现在世界真不像样，儿子居然打起老子来了"的那个自欺欺人、自甘屈辱，又妄自尊大、自我陶醉的家伙。

在分析阿Q的人物形象时，人们总会说，他是在失败和屈辱面前，不敢直面现实，用虚假的胜利在精神上进行自我安慰、自我麻痹。很多时候，他都被视为一个反面教材。可放在心理学领域，阿Q并非一无是处，他的精神胜利法也有存在的意义和价值。

生命的历程不总是美好的，也充满了艰辛和困难。当遇到的困难难以排解时，我们不妨利用一下阿Q的精神胜利法，把那些坏情绪转移走，不去想它、不去碰它，去做自己平时最想做而又能产生愉快体验的事，比如听音乐、看电影、跳舞、打球、旅行等，用这些快乐的事来充实自己的时间，逐步淡化心里的烦恼。

需要说明一点，这里谈到的"转移"，有两层意思：一是时空转移，现在遇到的问题，换到彼时来消解；二是心理转移，不强化那些刺激情绪而又难以摆脱的烦恼，用积极的情绪来抵消消极的情绪。在有益身心的活动中，心理功能和血液循环会不断改善，继而让心胸放开，把不良的情绪宣泄出去。

精神胜利法只是暂时地缓解坏情绪，当情绪稳定下来，还是要去积极努力地想办法解决问题。如果只是一味地逃避、视而不见，那就真的成了阿Q啦！生活中的强者，是在失意和痛苦时"放得下"，在平静时"拿得起"。

心理学与生活

平时训练都很好，一到比赛就失误？

有个叫詹森的运动员，平时训练有素，完成各种项目都游刃有余，绝对是实力派的选手。可问题是，他从来没有在赛场上赢过，只要一进入正式的比赛，他就完全没有了平时的状态，总会发生各种失误。

詹森的这种情况，后来被称为詹森效应，它是人的一种浅层的心理问题，即将现有的困境无限地放大，主要是因为得失心太重、自信心不足。前面我们讲过的叶克思-多德森定律，恰恰能够解释詹森效应。

其实，我们生活中也有很多这样的例子，有些人卓尔不群，平时都是佼佼者，他在心理上就认为自己只能成功不能失败；赛场的特殊性，导致个人心理包袱过重，束缚了其潜能的发挥。要避免詹森效应带来的消极影响，最重要的就是积极主动地克服恐惧。

第一，摒弃非理性观念。很多人在面对重要的事件时，会暗示自己："如果我失败了，我就会没有价值，别人就会看不起我，我会很丢脸。""我要是做不好，前途就毁了。"这些都是不正确的想法，竞赛只是验证能力的一种方式，绝非唯一的途径，抱着平常心去看待"竞赛"，才能更好地发挥。

第二，走出狭隘的得失阴影。做事的时候，不能一味地追求成功，只要让自己发挥出真实的水平就好了。人生的"赢"是多维度的，既有水平的较量，也有心理的较量，正所谓"狭路相逢勇者胜"。

Chapter 5 别让负面情绪毁了生活

平时表现良好

只能成功，不能失败！

大考前紧张，大脑一片空白，心慌，心跳过快

如果我考试失败的话老师会怎么看我呢？同学们会不会看不起我？爸爸妈妈会很失望吧……

大考又没考及格，怎么办？

考后"哭鼻子"

> 知识链接

态度对人的影响有多大？

有一次，美国心理学家埃里希·弗洛姆被学生们问道："心态对人的影响究竟有多大？"弗洛姆没有直接回答，而是带着学生们进行了一次实验。

他把学生们带到一间黑暗的房子里。在他的指引下，学生们很快就穿过了这间伸手不见五指的神秘房间。接着，弗洛姆打开了这个房间里的一盏灯，在暗淡的灯光下，学生们这才看清楚房间的真实面目，不禁大惊失色。

原来，这间屋子的中间有一个很深的池子，池子里蠕动着各种毒蛇，包括一条大蟒蛇和三条眼镜蛇，有几条毒蛇正高昂着头吐信子。在池子的上方，搭着一座很窄的木桥，他们刚刚就是从那座桥上走过来的。

弗洛姆问学生："现在，你们还愿意再走一次这座桥吗？"

学生们吓得没人敢回应。最后，有三个学生鼓起勇气想尝试。第一个学生走上去，小心翼翼地挪动着脚，比摸黑走的时候慢了许多；第二个学生战战兢兢地踩在桥上，浑身发抖，才走到一半就坚持不住了；第三个学生完全就是爬过去的。

这时，弗洛姆打开了房间里的另外几盏电灯，学生们这才发现，小木桥的下方装着一道颜色极浅的安全网，不仔细看根本看不出来。弗洛姆问学生："还有谁愿意尝试？"学生们都不说话。

"为什么你们都不愿意走这座小桥呢？"

"这张安全网的质量可靠吗？"有学生小心翼翼地问。

弗洛姆笑了，说："现在，我就来回答你们提出的问题。这座桥本不难走，你们也都走过，只是桥下的毒蛇对你们造成了心理威胁，让你们失去了正常的心态，乱了方寸。心态对行为的影响有多大，想必你们已经领略到了。"

沉浸式做事，不去想这件事会带来什么

美国知名高空走钢索杂技演员瓦伦达，在一次重要的表演中，不幸失足身亡。事后，他的妻子说："我就知道这次一定会出事，上场之前他一直在说，这次太重要了，不能失败。以前每次成功的表演，他都专注于走钢丝这件事，不去想这件事可能带来什么。"

社会心理学家把这种专注于事情本身、不患得患失的心态叫作瓦伦达心态，并对其做了总结：任何人要想做好一件事情，就要专注于该事情本身，不要考虑与该事情无关或者相关的其他事情。对于瓦伦达效应，美国斯坦福大学做了一项研究，结果表明：个人大脑中的图像经常会像实际情况本身那样刺激人的神经系统。换言之，一个人大脑中呈现出什么样的想象图像，在生活中就会更容易朝着该图像的方向发展。这项研究进一步证实了瓦伦达心态与个人成功之间有着密不可分的关联。

通过瓦伦达效应，我们也可以了解到心理状态的影响力。在生活中，做一件事情之前，如果过分在乎事情的结果和周围人的看法，就会忽略事情本身，被各种压力包裹住，导致身心透支。在这样的状态下，往往就会出现事与愿违的情况。

这也提醒我们，做事要保持平常心，时刻沉浸在自己想要做的事情当中，但行好事，莫问前程，通常能够得到不错的结果。这就像法拉第所言："拼命去换取成功，但不希望一定会成功，结果往往会成功，这就是成功的奥秘。"

> 心理学与生活

本想假装生气，最后竟然真生气了

有一位车行的老板，年轻时是F1赛车手。当朋友问他，作为一个赛车手最重要的是什么时，他说："除了胆量之外，最重要的是，你必须要在高速车道转弯时，用你的大脑来控制车子的转弯，而不是用双手和方向盘，否则就会翻车。"

朋友很吃惊，对这样的回答无法理解。按照正常的思维，我们都是用方向盘来操控车子转弯的呀！车行老板解释说："在比赛中，车子转弯时的速度非常快，以至于整辆车子几乎都是悬空的，车手基本上失去了对车子的控制。这个时候，只有你脑子里想着车子要去的方向，眼睛也紧紧盯着要前进的方向，手和车子才会朝着你希望的方向去。如果你想的是千万不要翻车，那么车子一定会翻。"

大脑的力量就是这么神奇！现实中，我们会看到一些职业演员，在演悲情剧的时候，真的能打动观众，而他们将其称之为"入戏"。那是因为，他们心中切实地感受到了主人公的悲伤，最真挚的感情被调动出来，继而感染了观众。

同样的道理，如果你假装生气，大脑可不知道你是装的，它就会真的朝着生气的方向前进。过了一段时间后，你就会变成真生气了。同样，你明明不开心，但若是看看喜剧电影，笑一笑，也会变得快乐。

因而，心理学家詹姆斯就提出了这样的理论：我们之所以快乐是因为我们笑了，悲伤是因为我们哭了，身体反应会导致情绪反应。所以，我们该

Chapter 5 别让负面情绪毁了生活

多想想自己渴望的结果，让大脑帮我们完成愿望。若是整天想着那些不顺心的、坏的结果，那恐怕真的会怕什么来什么！

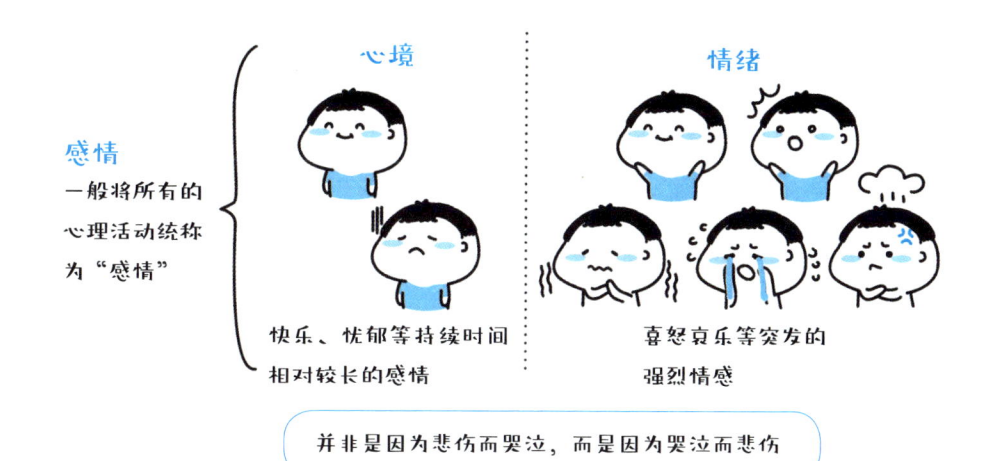

感情
一般将所有的心理活动统称为"感情"

心境
快乐、忧郁等持续时间相对较长的感情

情绪
喜怒哀乐等突发的强烈情感

并非是因为悲伤而哭泣，而是因为哭泣而悲伤

知识链接

"笑一笑，十年少"是真的吗？

常听人说，"笑一笑，十年少"，这有什么依据吗？

很多心理学家和生理学家都指出，愉快的笑容能够缓解面部肌肉的紧张程度，对头痛等神经性病症有很大帮助。因为心情的愉悦和身体的放松，会让人的心理放松，神经活动发生改变，从而产生良好的心理体验。相传，科学家法拉第在老年时期经常头疼，他就经常通过看喜剧片来减缓疼痛感，到最后竟然不药而愈了。

无论在什么样的环境下，保持乐观的心态，相比悲观而言，都能让我们的身体机能保持一个良好的状态。笑口常开，虽然有时无法切实地解决问题，但这种积极的心态，会让人更容易想到解决问题的办法。

心理学与生活

以牙还牙的结果，就是无休止的折腾

海格力斯是希腊神话故事里的英雄，也是一个大力士。有一回，他走在坑坑洼洼的路上，看到脚边有一个鼓起的像袋子一样的东西，特别难看，就使劲地踩了一脚。没想到，那个东西不但没有被踩破，反而膨胀起来，成倍地加大。海格力斯很生气，顺手就用一根粗木棒去打那个东西，结果，那个东西竟然膨胀到把路都给堵死了。

海格力斯很沮丧，正在纳闷是怎么回事，这时，一位圣者走了过来，对海格力斯说："朋友，快别动它了，忘了它，离它远点吧！它叫仇恨袋，你不招惹它，它就是原来那么大；你若侵犯它，它就会膨胀起来跟你抗争到底。"

借助这个典故，心理学家把"以眼还眼、以牙还牙"的行为，称为海格力斯效应，它是一种人际或群体间存在的冤冤相报致使仇恨越来越深的社会心理效应，会让人陷入无休止的烦恼中，错过许多美好的事物。

要避免海格力斯效应的影响，我们就得学会这几件事：

第一，宽容。宽容不仅仅是饶恕别人的错误，更是放过自己。当你对别人对你的伤害耿耿于怀时，你受到的伤害会被无限放大，而后来的这些伤害，其实是你加给自己的。人生不过几十年，何必跟自己较劲呢？

第二，忍耐。忍一时风平浪静，退一步海阔天空，这句话不是没道理的。无论是爱还是恨，不懂得忍耐，最后吃亏的都是自己。忍耐不是消极和胆怯，而是承担和力量。

第三，忘记。美好的东西值得铭记，不美好的东西该忘就忘，活得豁达洒脱一点，是善待自己。

知识链接

拿破仑为何没离开圣赫勒拿岛？

拿破仑是曾经不可一世的欧洲霸主，很多人都知道，他在滑铁卢战争中遭遇了失败，最终被判流放，终身监禁在地中海的圣赫勒拿岛。可是，有一件事情鲜少为人所知，那就是拿破仑其实还有"机会"，只是他自己没把握住。

据说，拿破仑被流放到岛上以后，终日过着艰苦无聊的生活，整个人也很抑郁。战争的失败和流放，早已经让他失去了斗志。他再也没想过离开这个小岛，重新开始自己的事业。

拿破仑的一位好友，不忍心看着这位昔日的英雄沦落至此，就通过秘密的方式送给他一份珍贵的礼物——一副象牙和软玉制成的棋子。拿破仑很喜欢这份礼物，经常一个人默默地下棋，排解内心的孤独寂寞之感。

拿破仑去世后，这副棋子被转手拍卖了很多次。最后，棋子的所有者在一次偶然的机会中发现，这些棋子中有一个棋子的底部很特别，是可以打开的。打开后，他发现里面密密麻麻地写满了从岛上逃脱的路线图和计划。然而，失去了斗志的拿破仑从来都没有在下棋的过程中发现朋友的用心良苦，至死也没有离开圣赫勒拿岛。

心理学与生活

"男儿有泪不轻弹"坑苦了多少男同胞？

一位心理老师讲过这样一个恋爱故事，让很多学生受益匪浅。

莉萨很爱自己的男友，男友对她也很好，只是莉萨特别爱哭，在男朋友看来，偶尔的哭泣会惹人怜爱，但经常哭就不太好玩了。看一部感人的电影，莉萨会哭；男友送她一份礼物，莉萨也会哭；若是两人因为意见不合而争吵，莉萨哭得就更厉害了。感情丰富的莉萨就是在遇到事情时控制不住自己的情绪，而男友见惯了，就算看到莉萨哭也不会去安慰她。

苦闷的莉萨去学校找心理老师做咨询。老师告诉她："哭泣本身没什么错，反倒是好事。但因为你喜欢男友的包容和安慰，慢慢养成了爱哭的习惯，这个习惯是需要克服的。"

其实，适当的哭泣对人有好处。不少研究发现，在抗压能力方面，女性更胜于男性，且寿命比男性要长，这与女性宣泄情绪的途径比男性多不无关系。

都说"男儿有泪不轻弹"，这真的是坑苦了一大波男性同胞。这种"偏见"让很多男人丧失了表达悲伤情绪的途径，致使他们内在积蓄了大量负面情绪和压力。要知道，强忍着眼泪无异于慢性自杀。不过，哭泣时间也不宜太长，超过15分钟的话，就会影响肠胃机能，引起胃部不适。

没有做完的事情，为何会一直消耗你？

法国心理学家齐加尼克做过一个很有意义的实验：将自愿受试者分为两组，让他们去完成20项工作。其间，齐加尼克对一组受试者进行干预，让他们无法继续工作，因而他们未能完成任务；对另一组受试者，让他们顺利完成任务。

结果发现：尽管所有受试者在接受任务时都呈现出紧张的状态，可顺利完成任务的人，紧张的状态消失了；未完成任务的人，紧张状态依旧持续着，他们的思绪总是被那些没有完成的工作困扰着，心理上的压力也难以消除。

这个实验表明：一个人在接受一项任务时，会产生一定的紧张心理，只有任务完成，紧张才会解除。如果任务没有完成，紧张则持续存在。这种由工作压力导致的心理上的紧张状态，就被称为齐加尼克效应。

生活中，脑力劳动者最容易产生齐加尼克效应。要解除这种压力的困扰，最好的办法就是学会高效工作，在8小时的工作时间内快而好地完成工作，而在8小时之外的时间里，全身心地放松，做自己喜欢的事，好好地享受生活。

知识链接

哈里森的明智选择

1988年，美国第23届总统竞选之日，候选人本杰明·哈里森很平静地等着最终的结果。他的主要票仓在印第安纳州。该州的竞选结果宣布时，已经是晚上11点钟了。一个朋友打电话向哈里森祝贺，却被告知哈里森早已就寝。

第二天上午，那位朋友问哈里森为什么睡那么早，哈里森说："熬夜不能改变结果。如果我当选，我知道我前面的路会很难走。所以不管怎么说，休息不失为明智的选择。"

现实中，有些职业注定要承受巨大的压力，如医生、工程师、作家等，那些尚未解决的问题或是未完成的工作，就像影子一样困扰着他们。长期用脑过度、精神负担太大，引起能量降低而产生疲劳，很容易导致神经衰弱。所以，缓解齐加尼克效应，就成了一项重要的自我保健内容。

克服齐加尼克效应的诀窍，在于学会自我放松，适当休息。在高度紧张之时，应力求降低应激的阈值，给自己一些"减压政策"。无论工作多么繁忙，每天都应留出一定的休息时间，抽空散散步，运动一下，让精神上绷紧的弦有松弛的机会。

培养兴趣爱好的最终目的是什么？

心理学认为，兴趣是个体力求积极探究某种事物或从事某种活动的意识倾向，是人对事物的真正关心，而不是表面的关心。它是驱使人们去寻求知识和从事某种活动的精神力量，是一种由内而发的动力。

当人的兴趣遭到破坏时，会形成一种精神上的打击，引起怨愤，令人觉得兴致全无、索然无味。这是因为，人的兴趣倾向和情绪状态有直接的关联，令人产生旺盛的求知欲和好奇心，当这两种欲望得到满足时，人能够获得精神上的幸福和快乐。反之，就会陷入痛苦中。

美国有一位妇女，特别痴迷侦探小说。有一次，她向法院提出诉讼，要跟共同生活多年的丈夫离婚，理由是丈夫对她太过"残忍"。这所谓的"残忍"，就是丈夫抢先看了她的侦探小说，并把"真凶"的名字写在了书的首页上。

> 心理学与生活

听起来有点啼笑皆非,但它恰如其分地展现出,兴趣对人情绪的影响。就兴趣的种类来说,有直接兴趣和间接兴趣。由于对事物本身感到需要而引起的兴趣,叫作直接兴趣,如看电影、小说等;对事物本身没有兴趣,而是对事物未来的结果感到需要而产生的兴趣,叫作间接兴趣,如对学习本身没有兴趣,但为了学到知识、提升自我才产生了兴趣。

兴趣的发展有三个阶段,即有趣、乐趣、志趣。有趣是最初级的兴趣,也是引人入门的第一步;乐趣是中级的兴趣,是坚持活动的过程;志趣是高级的兴趣,与事业目标相连。一旦兴趣被激发,人就会伴随着愉快紧张的情绪和主动的意志去努力,积极地认识事物。毫无夸张地说,兴趣对于事业有着无可替代的重要作用,社会的文明也是在兴趣的驱使下发展起来的。所以说,想获得高级的快乐、成功的人生,就多培养一点兴趣爱好吧!

为什么把痛苦说出来会感觉轻松？

培根说过："如果你把快乐告诉一个朋友，你将得到两份快乐；如果你把忧愁向一个朋友倾吐，你将被分掉一半忧愁。"时至今日，这番话依旧奏效。

我们经常会在电台或是网络平台上，看到一些人吐槽痛苦、倾诉心声，每个人都在讲述自己的故事，或是发泄内心的不满。也许，看到的人无法给予他们实质性的帮助，甚至无法了解他们的痛苦，但这依然不妨碍他们吐露心声。只要将内心的痛苦说出来，人们就会得到一种释放，会感到轻松。

这一点，在对犯罪嫌疑人的心理研究中更为突出。当犯罪嫌疑人坦白后，他们就释放了内心的秘密和罪恶，往往会变得平静，行动也会更加轻松。虽然他们知道，在坦白之后，会有严厉的惩罚等待着自己。

如果不倾诉痛苦，会怎么样呢？结果可能就是，我们要用更多的认知资源去掩盖这个痛苦，可越是想掩盖，就越容易抑郁，甚至带来严重的机体生理上的病变。不善于倾诉的人，对秘密非常敏感，这就使得他们调动其他心理资源去掩饰对这个秘密的关注。长期的压抑，让他们越来越频繁地想到自己内心的痛苦。

在选择倾诉对象的时候，我们更容易相信陌生人，因为彼此之间不存在交集。这就是为什么，很多人在亲人朋友面前只字不提，可在心理咨询师面前却能说出自己积压多年的委屈和不满。痛苦是生活的一部分，我们都要学会找到可信任的人去倾诉。

心理学与生活

乐于助人是品行，但也得"看心情"

你有没有发现，自己在遇到好事情，心情十分愉悦的时候，特别喜欢帮助人？

心理学家做过一个实验：故意在公共电话亭里放置一枚硬币，假装是前一个人忘掉的。这时，被试者就像前面说的那样，突然看到了这枚硬币，心里很高兴。当实验者抱着一堆书籍之类的东西从他身边走过，故意把书掉在地上时，从电话亭里出来的好心情被试者，大都会主动帮忙捡起书，递给对方。反过来，那些没有捡到额外钱币的人，帮助陌生人捡书的概率就低了很多。

显然，心情好的时候，人们更容易帮助别人。因为好心情如同有惯性。在自己遇到好事倍感幸运的时候，为什么不去帮助一些不如自己幸运的人，让世界多点美好呢？这也提醒我们，要提请求的话，最好在对方心情好的时候，此时多半都能如愿以偿。倘若对方正心情不爽，你还要提要求，就算他能做到也可能不愿意做，最典型的例子莫过于提加薪了。

"出门看天色，进门看脸色"，细想想，这句话还是有点道理的呢！

为什么坐电梯时你不愿直视旁人？

乘坐电梯，特别是人非常多的时候，你大概也做过这样的事：抬着头看电梯顶，或是盯着显示楼层的液晶板，总之绝对不会盯着紧挨着你的人看，也很抗拒别人那样看你。这是一种什么心理呢？

其实，这种行为和"私人空间"有关。所谓私人空间，就是在我们身体周围，有一定的空间，一旦有人闯入了这个空间，我们就会感觉不自在。通常，每个人的私人空间大概是身体周围0.6米到1.5米，女性的私人空间比男性要大，具有攻击性格的人的私人空间更大。这种私人空间，在心理学上也称为心理空间。

当别人距离你一米之内时，你会感觉到不舒服，并下意识地与之拉开距离。电梯是一个封闭狭小的空间，人多的时候无法做到拉开实际距离，每个人都会感觉别人进入了自己的私人空间，所以此时最好的办法就是转移视线。倒不是电梯顶或是数字有什么神奇的魔力，而是大家都想尽快逃离这个狭小的、侵犯了我们私人空间的地方。

心理空间其实就是一种安全感，而追求安全感是人的本能。每当这个心理空间受到侵犯时，我们都会感到不安和焦虑。看着跳跃的数字，感受电梯向上移动，这样能够从一定程度上缓解我们的焦虑。有时，心理空间的大小也会随着环境变化。深夜走在僻静的路上，远处的一点动静都会让我们产生不安。

知识链接

你的心理空间有多大？

当你跟一个陌生人乘坐电梯时，你会有什么样的反应？

A.和对方搭讪

B.保持微笑，等对方开口，再跟他说话

C.面无表情，盯着电梯楼层灯

D.双手抱胸，头朝下看着地板

参考答案：

选A：你的私人心理空间比一般人大，对人的恐惧也较小，比较适合公关类的工作。

选B：你的私人心理空间比较正常，大概是身体周围50厘米。你不会扩展自己的心理空间，如果对方是在你的私人熟悉领域外，你不太会去招惹对方。在个人领域内你很有信心，一旦超出了这个范围，你的自信心会稍有下降。

选C：你的私人心理空间比较小，防卫距离比一般人大。你是一个自我安全领域很窄、自我防卫系统比较强大和敏感的人。

选D：你的私人心理空间极端狭小，在公共场所你可能对自己很没有信心，甚至有点不安和恐惧。你的低头动作，更是暗示了你不愿意和外界沟通，是一种自闭的状态。这些心态和心理对你来讲有些不利，你越是封闭退缩，就会招来越多的危机，一有危机你就更封闭。

Chapter 6

人际交往中的心理法则

心理学与生活

第一印象很关键，千万别搞砸了

首因效应是美国心理学家洛钦斯首先提出的，指的是人在第一次与人交往中给对方留下的印象，会在对方的头脑中形成并占据主导地位的效应。这就是我们平时说的第一印象，这种印象比以后进一步接触中得到的信息更深刻，持续的时间也更久。

心理学家曾经通过各种实验，对首因效应进行过验证。他们曾把受试者分为两组，对其出示同一张照片。他们告诉A组人员："这是一位屡教不改的罪犯。"而对B组人员说："这是一位著名的科学家。"而后，要求受试者根据照片上的人的外貌特征分析他的性格特征。

A组人员这样描述："眼睛深陷，隐含着几分凶狠的杀气；额头高耸，带着几分不知悔改的决心。"B组人员的描述是："目光深沉，可以透视出他的思维深邃；额头饱满，诠释出他钻研的意志。"

这个实验充分证明了首因效应的影响：如果第一印象形成了肯定的心理定式，会让人在后续的接触中，多倾向于挖掘对方身上美好的品质；如果第一印象形成了否定的心理定势，就会让人在后续的了解中，多倾向于揭露对方身上不好的品质。所以，在跟人交往时，尤其是初次见面时，一定要给人留个好印象。

初次见面时，人们主要靠言行举止、衣着打扮、面部表情等，判断一个人的内在素养和个性特征。因此，在交友、求职、谈判等社会活动中，我们

Chapter 6　人际交往中的心理法则

罪犯

科学家

A组　　　　　　　　B组

不妨充分利用第一印象的效应，把自己最好的一面展示出来，为日后的深入交往打下良好基础。

知识链接

近因效应是怎么回事？

在提出首因效应的同时，洛钦斯还提出了一个近因效应，指的是在多种刺激依次出现的时候，印象的形成主要取决于后来出现的刺激，即交往过程中，我们对他人最近、最新的认识占了主体地位，掩盖了以往形成的对他人的评价，因而也称为"新颖效应"。

多年未见的老友，在自己脑海中的印象最深的，往往是临别时的情景；一个朋友总惹你生气，可提及生气的原因，大概只能说上两三条，这也是近因效应的表现。可以这样说，在与陌生人交往时，首因效应发挥的作用比较大；而与熟人交往时，近因效应发挥的作用大。

　　无论是首因效应还是近因效应，都有一定的"盲区"，我们不要犯"一叶障目不见泰山"的错误，避免以片面的印象取舍、下结论。正所谓，"路遥知马力，日久见人心"，判断一个人还是要从长期来考察，这样才比较客观真实。

阴郁的高冷范儿，还是留给照片吧

亲和，原本是化学领域的一个概念，特指一种原子与另一种原子之间的关联特性，后来被人引用到了人际关系领域，指某人对他人具有的友好态度。亲和效应是由亲和力转化来的，在心理学上指的是人们在交际、应酬过程中用亲近的话语、笑容、肢体语言吸引他人、俘虏人心所产生的效果。

心理学研究发现，一个人的言行举止，往往代表着他的素质和格调，影响着他人对其的心理评分。通常，亲和的人会使人感觉很亲切，愿意与之接近，心理评分比较高；阴郁高冷的人，会给人一种距离感，心理评分不高。想要受人欢迎，就要培养自己的亲和力。

那么，怎样做才能显得更有亲和力呢？

其实，亲和的维度很广，可以是一句暖心的话，一个礼貌的称谓，一个友好的微笑，一个鼓励的眼神。只要是由内心抒发出来的，能够让人感到轻松舒服，甚至产生信赖乃至依赖感觉的，都属于亲和。总之，与人交往不要故作冷漠，不要假装孤傲，把微笑挂在脸上，让眼神中多一些温暖，会让你的社交锦上添花。

心理学与生活

知识链接

如何迅速拉近你与他人的距离？

心理学上有一个名片效应：两个人在交往时，如果先表明自己与对方的态度和价值观相同，就会使对方感觉到你和他有很多的相似性，从而很快地缩小与你之间的心理距离，更愿意跟你交往。随后，你可以把自己的观点和思想逐渐地渗透在点滴中，使对方产生一种印象，似乎我们的思想观点和他们已认可的思想观点是相近的。

没有互惠，难以维系长久的情谊

一位心理学教授做过一个实验：在一群素不相识的人中随机抽样，给挑选出来的人寄去圣诞卡片。他估计到会有一些回音，但没有想到，大部分收到卡片的人都给他回寄了一张，尽管实际上他们并不认识他。

给他回赠卡片的人，压根也没有想过去打听一下，这位陌生的教授到底是谁。他们收到卡片后，很自然就回寄了。也许，他们以为是自己忘了这个教授是谁，或者以为自己忘记了教授给他寄卡片的原因，不管怎样，自己不能欠对方的情，给人家回寄一张，总不会错。

实验虽小，却证明了一个事实：得到对方的恩惠就一定要报答，这种心理就是"互惠法则"，也是人类社会中根深蒂固的一个行为准则。礼尚往来，说的恰恰就是这回事。及时回报，能表明自己是一个知恩图报的人，有利于日后的继续交往。

朋友之间维护情谊需要互惠，不能总拖欠对方的人情，只不过有些恩惠不一定要马上回报，可以等待合适的时机。在爱情方面，互惠原则也很重要。世界上没有绝对无私奉献的爱情，双方需要保持一个利益的平衡，一旦平衡被严重打破，就可能导致关系破裂。

爱他人要适度，别把好事一次做尽

我们刚刚说过，人与人之间交往需要互惠，也就是人们对别人给予的好处，总想着要同等的回报。所以，有的人就认为，如果我对一个人特别好，他也会这样对自己。殊不知，凡事有度，过犹不及。过分地对别人好，不一定是好事，还可能引起误会和烦恼。

心理学家霍曼斯曾经提出过，人与人之间的交往本质上是一种社会交换。这种交换就跟市场上的商品交换所遵循的原则一样，即希望在交往中得到的不少于付出的。但出于互惠定律，如果得到的大于付出的，就会让人心理失衡，这会让人感觉无法回报或没有机会回报对方，因而产生愧疚感，觉得欠了对方的情。这种心理负担，往往会让受惠的一方选择疏远。所以，人际交往中要有所保留，不要把好事一次做尽，要留有余地，或是给对方回报的机会。

另外，对对方过于好，可能会令他对这种恩情感到麻木，时间久了，就感觉不出你对他的好了。生活中有很多类似的例子，你对别人适度的好，对方会感激你，会回报你；你对对方过于好，若某一次达不到原来的标准，反而会引起对方的不满。这种情形，用我们通俗的话来说，就是把对方给"惯坏了"。

亲子关系如是，父母对孩子过好，让孩子习以为常，认为一切都是天经地义的。将来，一旦让他独立解决困难，他就会觉得你对他不好。夫妻关系也如是，有些妻子把丈夫照顾得无微不至，什么事都顺着他，反倒不被对方珍惜。

再者，对对方过于好，会给人一种心太软的感觉，让人对你无所忌惮。人必须让自己有点威严，才可以更好地保护自己，并让自己更有影响力。倘若让人觉得软弱好欺，就很容易被利用。

心理学与生活

不远不近的关系，相处起来才舒服

西方生物学家早年做过一个研究刺猬生活习性的实验：

在寒冷的冬天，把十几只刺猬放到寒风凛冽的户外空地上。由于天气很冷，空地上又没有遮风避寒的东西，这些刺猬被冻得瑟瑟发抖。生存的本能让它们不由得互相靠在一起，但又因为对方身上的长刺而被迫分开。就这样，经过一次次靠近和分开后，刺猬们终于找到了一个既可以相互取暖又不会刺伤彼此的合适距离。

这种情形后来被称为刺猬效应，也叫距离法则。在人际交往中，人与人之间的相处，要保持一个适度的距离，太远了会显得关系生疏，太近了会出现摩擦，唯有不远不近，才能让双方的关系处在一个和谐、融洽的氛围中。

人与人之间走得近，不代表彼此的心灵也靠近了，倘若只是距离近了，反倒更容易出现摩擦，产生厌倦的情绪。在与人相处的过程中，要学会拉近彼此的距离，但也要懂得给对方留有空间，把彼此的关系控制在一个相互容纳并相互吸引的范围内。

生活经验告诉我们，彼此间的空间距离近了，不代表心理距离也近了，彼此间不联系也不代表心里不惦记对方。所以，面对周围的人时，要学会控制好身体距离和心理距离的关系，这样才能实现"距离产生美"的效果。

> 知识链接

如何用距离判断亲密程度？

美国人类学家爱德华·霍尔博士根据人与人之间的亲密程度，将社交区域划分为四种：

1.公众距离（3.7～7.6米）

这个距离到底是多远呢？想象一下，台上的演讲者和台下的听众之间的距离。保持这样的距离，可以让仰慕者更加喜欢偶像，既不会遥不可及，也能够保持神秘感。

2.社交距离（1.2～2.1米）

这是一种礼节上的人际距离，最常见于职场。这样的距离给人一种安全感，处于这种距离中的两个人，既不会害怕受到伤害，也不会觉得太过生疏，可以友好地交谈。

3.个人距离（46～76厘米）

这是人际之间稍有分寸感的距离，较少直接的身体接触，但可以友好地交谈，让彼此感受到亲密的气息。通常，只有熟人和朋友才能够进入这个距离。人际交往中，个人距离往往在非正式社交情境中使用，在正式社交场合则会使用社交距离。

4.亲密距离（15厘米之内）

这是最亲密的距离，只能存在于最亲密的人之间，彼此能够感受到对方的体温和气息。就交往情境而言，亲密距离属于私下情境，就算是关系亲密的人，也很少在大庭广众之下保持如此近的距离。否则的话，会让人感觉不舒服。

在了解这几种距离后，有选择性地运用，才能让社交距离保持在最佳的状态中，既不会过于疏远而产生陌生感，也不会因为过于亲密而产生尴尬。

不经意地犯点儿小错，会显得更真实

心理学家做过一个有趣的实验，把四段情节相似的访谈录像，播放给受试者看。

录像1：一位非常优秀的成功人士接受主持人的访谈，他在自己所从事的领域内取得了辉煌的成就，在接受采访时也显得很自信，谈吐不凡，没有丝毫的羞涩感。台下的观众不时地为他的精彩表现鼓掌。

录像2：同样是一位优秀的成功人士接受访谈，但他显得有些羞涩，特别是主持人向观众介绍他的成就时，他竟紧张得碰倒了桌子上的咖啡杯，咖啡弄脏了主持人的衣服。

录像3：一位普通人接受采访，跟前两位成功人士比，他没什么特别的成就。在整个采访的过程中，他一点也不紧张，也没什么吸引人的地方，平平淡淡。

录像4：同样是一位普通人，在接受采访的过程中，他显得特别紧张，跟第二位成功人士一样，他也把身边的咖啡杯碰倒了，弄脏了主持人的衣服。

播放完这四段录像后，心理学家让被试者从四个人中挑选出自己最喜欢和最不喜欢的。结果，几乎所有人都不喜欢第四段录像里的那位打翻咖啡杯的普通先生，而多数人都喜欢第二段录像里那位打翻了咖啡杯的成功人士。

为什么会有这样的情况出现呢？心理学家总结：对于那些取得了大成就的人来说，出现打翻咖啡杯等微小的失误，会让人觉得他很真实、值得信

Chapter 6 人际交往中的心理法则

录像1
完美的成功人士

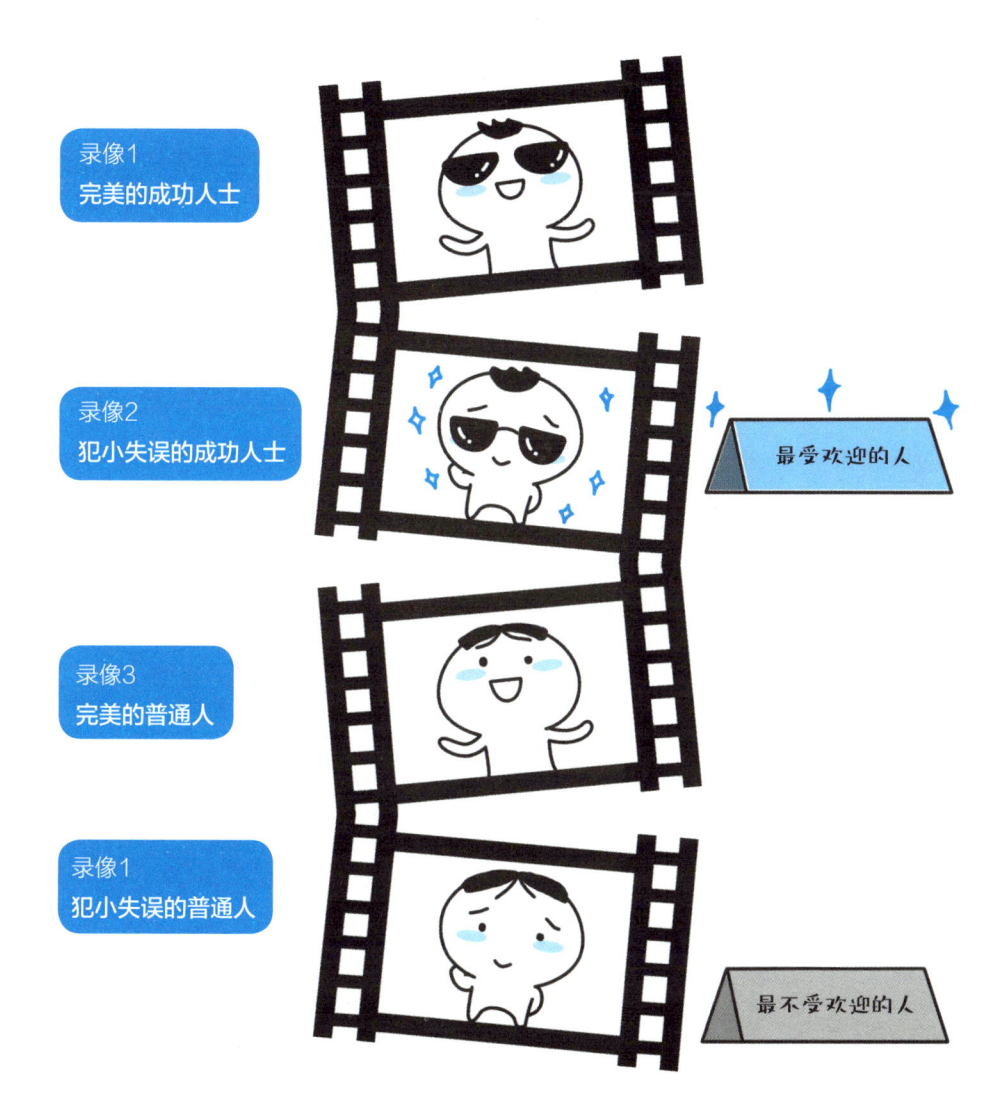

录像2
犯小失误的成功人士

最受欢迎的人

录像3
完美的普通人

录像1
犯小失误的普通人

最不受欢迎的人

一个成功的人，偶尔犯点小错误，会使他的形象更接近普通人，更加平易近人，从而使他赢得更多人的喜爱任。倘若一个人表现得太过完美，没有任何可挑剔之处，反倒会让人觉得不够真诚。毕竟，没有谁是完美的。貌似完美的人不经意地犯个小错，不仅瑕不掩瑜，还让人觉得安全，因为他显露出了平凡的一面，这就是心理学上的犯错误效应。

犯错误效应的产生，是需要一定条件的。首先，犯错误的人应该是有非凡才能的人，而不是能力平庸的人，而且是偶然犯一些无伤大雅的错误。同时，研究还表明，男性比较喜欢犯过错误且能力非凡的女性，而女性喜欢没有犯过错误且能力非凡的人，无论对方是男是女。

这也提醒我们，在与人交往的时候，若想得到他人的信任和喜欢，就不要过于苛求完美。在修炼自身、提升能力素养的同时，允许自己偶尔犯一些无关痛痒的小毛病，反而更容易让身边的人产生亲近感，为自己赢得好人缘。

为什么我们都喜欢与自己相似的人？

俞伯牙和钟子期的友情，是一段从古流传至今的佳话。

俞伯牙有出神入化的琴技，而只有钟子期能听懂他琴技的高超，于是两人成了知己。后来，钟子期在政治斗争中被杀，俞伯牙非常伤心，终生不再弹琴，因为没有知音能听懂了，再弹下去的话，只会让他更加思念钟子期，平添无限的伤感。

很显然，俞伯牙和钟子期能够成为知己，最重要的原因就是他们有一个相似之处，那就是对音乐的高超鉴赏力。我们经常会说"物以类聚，人以群分"，大致就是在讲，人都是容易对跟自己相似的人产生好感，继而与其成为朋友。倘若志趣不相投，两人就很难达成一致，就更别提深入交往了。

关于这一点，心理学家做过实验：他们要求一些年轻人回忆自己生命中结交过的最亲密的朋友，并列举他跟自己有哪些相似之处，以及不同之处。多数人列举的都是朋友跟自己的相似之处，比如"开朗、好交际""喜欢古典音乐""诚实、值得信任"等。

我们为什么会喜欢跟自己相似的人呢？

第一，与自己三观相近的人，交往起来更容易得到对方的肯定，能增加"自我正确"的安心感。彼此之间发生争辩的情况比较少，都容易获得对方的支持，较少受到伤害。

第二，相似的人容易组成一个群体。人们总是希望能建立同质的群体，增强自己对外界反应的能力，保证反应的正确性。人在一个与自己相似的人组成的集体中活动，阻力比较小，活动更顺利。

知识链接

其实，人也喜欢跟自己互补的人

现实生活中，我们不仅会跟与自己相似的人惺惺相惜，还会喜欢一些跟自己差异较大的人，在需要、兴趣、气质、性格、思想等方面能够形成互补关系的双方，会更容易相互吸引。这说明，人不仅有认同的需要，也有从对方身上获取自己所缺乏的东西的需要。

互补和相似是否矛盾呢？其实不然，因为差异不一定都能形成互补，互补的前提是彼此都能得到满足，倘若无法实现这一点，那么相反的特性就无法产生互补，甚至还会产生厌恶和排斥。形成相似的条件，一定是大方面的，比如三观；而形成互补的，是相对较小的方面。换句话说，就是"该相似的地方相似，该互补的地方互补"。

任何人都不可避免地存在一些缺点，而性格也不是那么容易改变的。为了弥补自己的不足，我们往往在寻求生活伴侣和事业伙伴时，会寻找那些能弥补自己缺点的人。

没有谁能完全避免周围人的影响

孟母三迁的故事想必大家都不陌生,孟母带着年幼的孟子一开始住在墓地附近,孟子每天看到人家哭哭啼啼地埋葬死人,觉得好玩就跟着学。孟母心想:"我的孩子不能住在这里了。"于是,就带着孟子搬到了集市的附近。

孟子看见商人自吹自夸地卖东西赚钱,也跟着学。孟母见此,又担心时间久了对孩子产生不好的影响,就带着孟子搬到了学堂附近。果然,搬了新家后,孟子开始跟着学堂里的人学习礼节,并且要求上学。孟母欣慰地答应了,并决定在此定居。

孟母为了给孩子创造一个良好的成长环境,不嫌麻烦,带着孩子屡次搬家。虽然那时候,大家还不知道什么是心理学,但孟母实际上已经明白了心理学上的邻里定律。严格来讲,没有任何人能够完全避免周围人的影响。所谓的邻里定律就是指,邻近的人会对我们产生一定的影响,这是每个人都不可避免的,也是经过心理学实验证明的。

1950年,美国有三位社会心理学家针对麻省理工学院17栋已婚学生的住宅楼进行了一次调查。这是一些两层的楼房,每层有5个单元住房。住户住哪个单元都是随机分配的,原来的住户搬走后,新住户就会搬进来。

调查中,每个住户都要回答一个问题:在这个居住区中,和你经常打交道的最亲近的邻居是谁?结果表明,居住距离越近的人,交往次数越多,关系越密切。在同一楼层中，和隔壁的邻居交往的概率是41%，和隔一户的邻居交往的概率是22%，和隔三户的邻居交往的概率只有10%。

事实上，多隔几户，距离上并没有增加太多，但亲密程度却差很多。这似乎印证了一点，人们和邻近的人打交道更多一些。这也不难理解，因为和邻近者打交道，要比和距离远的打交道代价小。一是双方了解起来比较容易，能预测对方的行为，交往起来有安全感；二是打交道比较方便，借用东西的话能少走几步路。

仔细观察，你大概也会发现，我们大部分的朋友，不是同学、同事就是近邻。在学校里，关系比较好的，往往是座位邻近的同学。

因为存在邻里定律，所以我们要注意对周围人的选择，有意识地选择对自己有利的人际关系。跟什么样的人在一起，就有机会从他身上学到什么样的东西。多接近有品位、有素养的成功者，你也能学到不少成功的方法，也会更容易接近成功。毕竟，周围人对我们的影响，会改变个人的性格发展方向。

努力工作的同时，也别忘了"刷脸"

如果是一个细心的人，大概会发现这样的情况：人缘好的人，特别擅长制造与别人接触的机会，提高彼此间的熟悉度，使彼此产生更强的吸引力。在新认识的人中，有些人可能长得不那么好看，最初看的时候很别扭，可时间久了，看得多了，也就不觉得他难看了，甚至还会发现他在某些方面很有魅力。其实，这就是心理学上的多看效应。

在20世纪60年代，心理学家查荣茨做过一个相关实验：他向被试者出示一些人的照片，让他们观看。有些照片出现了二十多次，有的出现了十几次，有的只出现了一两次。之后，请受试者评价他们对照片的喜爱程度。结果发现，受试者看到某张照片的次数越多，就越喜欢这张照片。他们比较喜欢那些看了二十几次的熟悉照片，而不是只看过几次的新鲜照片。这说明，看的次数增加了喜欢的程度。

还有一个实验，是在某高校的女生宿舍楼里进行的。心理学家随机找了几个寝室，发给他们不同口味的饮料，要求这几个寝室的女生，以品尝饮料为理由，在这些寝室间互相走动，但见面时不得交谈。一段时间后，心理学家评估了她们之间的熟悉和喜欢程度。结果发现：见面的次数越多，相互喜欢的程度越大；见面的次数越少或根本没有，相互喜欢的程度就较低。

毫无疑问，这个心理学现象提醒我们：想拥有好人缘，在创造了美好的第一印象之后，要尽可能地提高自己在别人面前的熟悉度，这样就能增加

心理学与生活

别人喜欢你的程度。比如，在职场中，可以多在各部门走动一下，哪怕只是露个面，送个文件，这些细节的来往，也可以在无形中提高自己的人际吸引力。如果过于自我封闭，不与人交往，遇事退缩，不仅难以与人亲近，还可能阻碍职业的发展。

为什么"好好先生"会被人看不起？

你有没有做过这样的事情？碍于权威或是害怕得罪人，或者不愿让对方不高兴，就违背内心的想法去附和别人的意见。你可能会觉得，这样的做法挺随和的，会给自己的形象加分。但其实，它未必能帮你在人际交往中加分。

美国社会心理学家哈罗德·西格尔通过研究发现：当一个观点对于某人来说特别重要时，如果他能用这个观点让一个"反对者"改变原来的态度和想法，与他的观点保持一致，那么他可能更倾向于喜欢那个"反对者"，而不是从一而终的附和者。

换句话说，人们喜欢在自己的影响下改变观点的人。通过辩论和解释，让一个人改变观点，信服自己的意见，这会使人产生一种成就感，这种现象就是改宗效应。所以，生活中有很多"好好先生"，看起来挺随和的，却并不受人重视，甚至被人瞧不起。原因就是，他们无法带给别人一种挑战成功后的成就感。那些敢于坚持自我、有独立想法的人，反倒很容易受到他人的尊重和喜爱。

由此可知，对自己认为正确的事情，要保持坚定的态度，不能因为怕得罪人或是畏惧权威，就抹杀自己的想法，做一个随声附和的人。这不但不会提升你的形象，反而会令人觉得你是一个"墙头草"，没有自己的立场。

当然了，在表达自己的意见时，也得讲究方式方法，掌握一些语言艺术。切忌过于直接、不分场合，那样的话，会让别人感到尴尬，也会给自己招来麻烦。

心理学与生活

外表优雅的女性，一定有内涵吗？

俄国著名文豪普希金，狂热地爱上了莫斯科第一美人娜坦丽，并和她结为连理。娜坦丽长得很漂亮，但与普希金的志趣不同。每次普希金把写好的诗读给她听时，她总是捂着耳朵说："我不要听，不要听！"她总是让普希金陪她游乐，出席豪华的宴会，普希金为此丢下了创作，弄得债台高筑，最后还为她决斗而死，致使文坛上少了一颗璀璨的巨星。

普希金的悲剧是怎么酿成的呢？这就要说起心理学上的晕轮效应了。

晕轮效应也称为光环效应，是美国著名心理学家爱德华·桑代克提出的，这是一种普遍的心理现象，即人们在对一个人进行评价时，往往会因对他的某一品质特征的强烈、清晰的感知，而掩盖了对其他方面的品质，甚至是弱点的感知。普希金认为，一个漂亮的女人必然有着非凡的智慧和高贵的品格，可惜他想错了。

爱德华·桑代克认为，人们对人的认知和判断会从局部出发，然后扩散而得出整体印象，这其实就是以偏概全。普希金对娜坦丽的判断，就足以证明这一点。这种主观的心理臆测，会使人产生巨大的认知障碍，它使人很容易抓住事物的个别特征，习惯以个别推及一般，就像是盲人摸象，容易把本没有内在联系的一些个性或外貌特征联系在一起，断言有这种特征必然会有另一种特征。

那么，要如何在人际交往中避免和克服晕轮效应的副作用呢？

第一，避免以貌取人。我们在认识一个人时，不能只看长相和穿着，还应当多了解他的行为和品质，若总是由表及里来推断，往往会产生偏差，无法真正看清一个人。

第二，避免投射心理。有的人看别人做了一件好事，就想当然地认为这个人品质优异；倘若知道对方是刚刚从监狱里刑满释放的人，就会觉得他可能别有用心，充当好人。其实，这完全是把自己的意愿强加在别人身上，产生了投射。投射现象是一种不理性的认知，若不加以注意，就可能制造出晕轮效应，产生偏见。

第三，避免循环证实。疑人偷斧的故事，想必你一定听过，当你对一个人产生了偏见，你就会寻找各种理由来证实自己的这个偏见。你的异常举动被对方发现后，他自然也会对你产生不满情绪，要么疏远你，要么敌视你。你对对方的这种反应，会加深自己对对方的偏见，实际上这就陷入了一个恶性循环，让自己走进晕轮效应中迷而忘返。

> 知识链接

如何利用晕轮效应呢？

说了这么多晕轮效应的弊端，那它到底有没有什么益处呢？当然有。

在人际交往中，把自己最好的一面展示出来，亮出自己的优势，别人往往会对你产生晕轮效应，继而给予你高度的评价。毕业生在求职应聘时，若能巧妙地运用这一点，定能得到招聘者的赏识，为自己赢得被录用的机会。

谁说北方人的性格都是豪爽的？

生活中，我们总是会犯一些以偏概全、人云亦云的毛病，比如认为老年人过于保守，年轻人太容易冲动，商人尖酸刻薄、狡诈精明，等等。把人进行机械的归类，把某个具体的人看成是某一类人的典型代表，把对某类人的评价视为对某个人的评价，甚至根据一些不太靠谱的资料间接地对没有接触过的人进行评判，完全就是"一棍子打死一群人"。这种用印刻在自己头脑中的关于某一类人的固定形象，来判断和评价人的心理现象，被称为刻板印象。

我们在认知一个人的时候，往往会根据自己头脑中已经存在的与此人有关的某一类人的固定印象来对其进行判断。然而，我们的眼睛和头脑的联合作用，往往会导致我们做出错误的判断。比如，北方人不一定都豪爽，南方人也不一定都"精明"；山东人不见得都喜欢吃大葱，山西人也有不喜欢吃醋的。

从某种程度上来说，刻板印象有一定的道理，因为居住在同一地区、从事同一种职业、属于同一种族、处于同一年龄层的人，势必会有一些共性，但它毕竟是一种概括、抽象而笼统的看法，不能代替每一个活生生的个体。倘若以偏概全的话，可能就会给人际交往造成阻碍。因为有些看法与事实并不相符，甚至完全是错的。

恩莫德·巴尔克说过："以少数几个不受欢迎的人为例来看待一个种

族，这种以偏概全的做法是极其危险的。"世界上没有两片相同的树叶，也没有完全相同的两个人，每个人都是独一无二的，有着独特的人生经历、相异的个性特征、独立而奇妙的内心。所以，别用刻板的态度去看人，用心去体会每一个生命的独特。

不懂得沉默的人，就不懂得沟通

美国加利福尼亚大学的心理学教授古德曼提出过一个定律：没有沉默就没有沟通，沉默可以调节说话和聆听的节奏。沉默在谈话中的作用，就相当于零在数学中的作用。尽管是零，却必不可少，没有沉默，一切交流都无法进行。后来，这个定律就被称为"古德曼定律"。

关于沉默的力量，有不少现实的例子。那些业绩出众的推销员，每次推销的时候平均只说12分钟话，而那些业绩很差的推销员却要滔滔不绝地说上30分钟。说得多了，自然听得就少了，也就不容易对顾客有透彻的了解，而且说得越多，越容易招顾客厌烦。多听少说就不一样了，不但能清楚地了解顾客所需，还能让顾客感受到贴心。

不只是推销员，出色的电视节目主持人、优秀的企业管理者、暖心的朋友，都是善于倾听的人。在社交的过程中，这是一个非常吸引人的品质。如果你善于倾听，你身边就会围绕很多愿意与你交往的人。善于倾听，才能更好地沟通，若是双方都各抒己见，没把对方的观点听进去，交谈最终只会不愉快地收场。

祸从口出，言多必失，这些道理我们要时刻谨记于心。该沉默的时候，就要保持沉默，这是对他人的尊重，也是在社交中赢得人心的能力，更是一种美德和智慧。

知识链接

什么情况最不能沉默？

心理学家C.C.罗西和L.K.亨利做过一个心理学实验。他们随机在一所学校里抽出一个班，将学生分为三组，每天学习后对他们进行测验。

第一组学生，每天都能知道自己测验的成绩；第二组学生，每周知道一次所有测验的成绩；第三组学生，从来都不知道自己测验的成绩。八个星期之后，改变做法。第一组的待遇和第三组的待遇对换，第二组的待遇不变。

实验结果发现：第二组的成绩比较稳定，且在不断进步；第一组和第三组的情况发生了很大的转变，第一组的学生成绩不断下降，第三组的成绩突然上升。

这个结果说明，反馈比不反馈更有激励作用，即时反馈比远时反馈效果更大。这就是心理学上的反馈效应，学习者和工作者对于自身学习工作结果的了解，能够促使他们更加努力。有反馈才有动力，有反馈才能加深了解。

在工作方面，千万不要一味地沉默，要养成主动向领导汇报工作的习惯。这样的话，不仅能够提醒领导，还能获得及时的信息，促进任务更好地完成。如果你总是沉默，老板也会不安，交给你的任务，他需要了解进度，进行下一步的规划和安排。所以，有什么事就跟领导及时沟通，可不要闷头不语哦！

流言止于智者，远离小道消息

曾经，一档娱乐节目做过这样一个游戏：让几个人站成一排，从左边第一个人开始，向旁边的人耳语一句话，之后由那个人再传给下一个，依次类推。传完后，由最后一个人说出他听到的话。结果，这个人说出的话，和第一个人说的原话大相径庭，简直是风马牛不相及，完全变了样。

这看似只是一个游戏，可在生活中这样的情况几乎每天都会出现。明明一件事的真相是这样，传来传去就成了另一副模样，这种现象就是"传播扭曲"，是指信息在传播过程中经常会被层层扭曲，且多被夸张，最终面目全非。

这就提醒我们，小道消息不可靠，因为消息经过了太多人的嘴，早就不是当初的样子了。也许，流言本身没什么恶意，但有些流言经过不断地传播，就会给当事人或社会造成巨大的精神负担。流言止于智者，记住这句话吧！冷静地分析判断问题，避免道听途说，对自己和他人都有好处。

Chapter 7

信念是自我实现的预言

心理学与生活

目标对一个人来说有多重要？

心理学家对哈佛大学的一批毕业生进行过一次人生目标跟踪调查。在调查中，研究人员发现，这些毕业生中有3%的人曾经确立了远大的目标；有10%的人有明确的短期目标；有60%的人目标不清晰，只求过好眼下的生活；还有27%的人几乎没有目标，完全是随遇而安。

二十年后，研究人员惊奇地发现，曾经树立过远大目标的3%的人，大都完成了自己的既定目标，事业有成；那10%的人虽没有卓尔不群，但也是社会中的上层人士；那60%的人没有大富大贵，在中下层过着安稳的日子；剩余的27%的人生活在社会的最底层，过着清苦艰难的生活。

这个调查结果告诉我们，成功不是与生俱来的。很多人一事无成，并非没有能力和智慧，而是缺少目标和抱负。设定一个高目标，就等于达到了目标的一部分。

美国行为学家吉格勒说："除了生命本身，没有任何才能不需要后天的锻炼。"后来，这番话被人们总结为：不管一个人有多么超群的能力，如果缺少一个高远的目标，他都将一事无成。这也被称为吉格勒定理。

没有目标的人，往往活得很迷茫，不知道前面的路在哪儿。如果你在生活和工作方面有明确的目标，那么恭喜你，已经走在了成功的路上。倘若没有，那不妨静下心来思考下面的几个问题。记住，不要做过多的思考，尽量写下你的第一个想法：

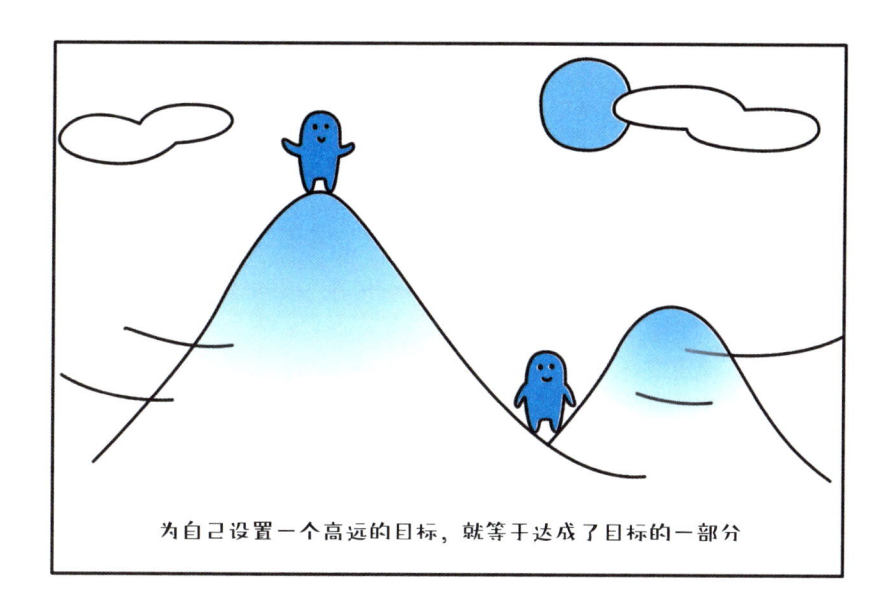

Chapter 7 信念是自我实现的预言

为自己设置一个高远的目标，就等于达成了目标的一部分

（1）你想成为什么样的人？

（2）你想为这个世界做些什么？

（3）你想给别人留下什么样的印象？

（4）你想通过什么途径实现自己的目标？

（5）你想怎样使自己与众不同？

这些问题的答案不是固定的，你可以随着时间不断地进行修改和扩充。一个人知道自己该往哪儿走，就有了前行的方向，也就不会迷路。

知识链接

你的目标有多大？

关于目标的问题，我们需要延伸一下，谈谈洛克定律，即当目标是未来指向的，又富有挑战性的时候，它就是最有效的。换言之，如果我们追求的

是远大目标，就不会满足于既定的现状，就会奋斗不息，追求不止。

高尔基说过："目标愈远大，人的进步愈大。"有远大目标的人，不会甘愿待在井底，望着井口大的天空，以为那就是全世界。当然，要实现这个远大目标，也不能一步登天，而是要制订一个又一个可实现目标的步骤。

如果你不想随波逐流沦为平庸者，不妨按照下面的方法为自己设定一个可行的远大目标：

（1）问问自己设定这个目标的原因，以及实现目标的好处。

（2）设定实现各个阶段目标的时限，明确自己正处于哪个阶段。

（3）列出实现目标所需要的条件，按部就班地执行。

（4）把目标作为奋斗的动力，强化内心的期待和自信。

不能管理时间，便什么都不能管理

相传，所罗门王曾经做过一个梦。有位智者在梦里告诉了他一句话，这句话涵盖了人类所有的智慧，让人高兴的时候忘乎所以，悲伤的时候可以自拔。

遗憾的是，所罗门王醒来后，怎么也想不起来那句话了。于是，他召集了最有智慧的几位大臣，跟他们说了自己的困惑，要他们把那句话说出来，还拿出一枚戒指，说："如果你们想出了那句话，就把它镌刻在戒指上，我要每天戴着它。"

几天后，老臣们来归还戒指，上面刻上了一句简单的话："时间一去不复返。"

这确实是一句充满智慧的话，美国著名的管理大师德鲁克曾说："不能管理时间，便什么都不能管理。"1958年，英国学者帕金森出版了《帕金森定律》一书，他经过多年调查研究，发现一个人做同一件事所耗费的时间有很大差别。

一个忙人20分钟能寄出一沓明信片，但一个无所事事的老太太为了给远方的外甥女寄一张明信片，可以足足花费一整天的时间：她找明信片要用一个小时，找眼镜要用一个小时，查地址用半个小时，写问候的话用一个小时零一刻钟。

看起来有点搞笑，但很多人在工作上就像那个无所事事的老太太一样：在时间充裕的情况下，不由自主地放慢节奏或添加其他工作项目。于是，工作就开始自动地膨胀，直至占满所有可用的时间，这就是帕金森定律。

帕金森说："一份工作所需要的资源与工作本身并没有太大的关系，一件事情被膨胀出来的重要性和复杂性，与完成这件事所花的时间成正比。"我们总是误以为给自己很多时间完成一件事就能改善工作的质量，但实际情况总是相反。过多的时间反而让人变得懒散，失去原动力，致使工作效率低下。

帕金森定律警示我们：要学会管理时间，做时间的主人，减少低效率重复劳动，把时间用在更有效益的地方，提高工作效率，提高生活质量。谁抛弃时间，时间也会抛弃他。在时间管理的问题上，这里有一些实用的方法，可供参考。

第一，充分利用最有效率的时间。把最重要的任务安排在自己的黄金时间，这样就能花费较少的力气做更多的事情。至于黄金时间，每个人都不一样，需要自己来摸索。

第二，学会利用现代化工具。除非特殊情况，能打印的不必手写，能录音口授的可直接传达，多利用检索功能，这样可以有效地节省时间。

第三，把零碎的空闲时间利用起来。一个人再忙，也会有零星的时间，如果把这些时间充分利用起来，从事某一项有意义的工作，就能做成很多事。倘若从20岁开始，直至60岁，每天利用2小时闲散时间看书，那么这40年里，就等于多了29200个小时！

人人都有拖拉的倾向，所以要有 deadline

心理学家曾经把一个班级的小学生分为两组，让他们阅读同一篇课文。第一次阅读时，要求学生在五分钟之内完成，结果全班所有的同学都在既定的时间内完成；第二次阅读时间，规定学生在8分钟之内读完即可，结果所有的学生都用了8分钟才完成，没有一个学生是在5分钟之内读完的。

不只是小学生，成年人也经常会出现类似的问题：做一项工作的时间若是一周，往往都觉得不用着急，直至到了快上交任务的时候，才开始手忙脚乱、废寝忘食地忙活，用超负荷的劳动完成既定目标，弄得自己身心疲惫，事情做得也不尽完美。

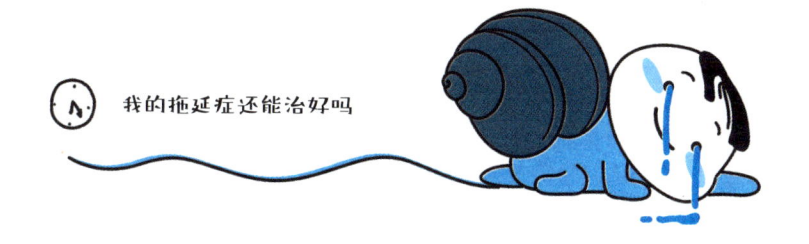

在心理学上，这种现象被称为最后通牒效应，即对于不需要马上完成的任务，人们总是习惯于在最后期限即将到来时，才付诸行动。这是因为，人大都有拖拉的心理倾向，潜意识中会倾向于到最后一刻才去做那些原本早就该完成的事。

为了避免这种拖拉的倾向，我们该给自己设定一个截止时期，即

"deadline"。如果不限定期限的话，心中就没有越来越近的紧迫感，目标很可能会一直被停放在远处，而自己却拖拖拉拉不肯行动，理由很简单："反正时间还多着呢！着什么急呢？"

记住：你是自己的主人，你有权利支配自己的生命，你想让自己活得更加精彩，就不要犹豫，从现在开始，拿起手中的笔，把自己的历程记录下来，给自己的目标一个期限，让自己的时间支出得有理有据。

把体现自我价值的东西摆在眼前

每个人都是一座宝藏，蕴藏着无限的潜能，只是鲜少被自己意识到。在一般情况下，也很难发掘出来。这就使得多数人都过着平淡无奇的生活。于是，很多人就问了，该怎么做才能激发出自己的潜能呢？

美国著名心理学家詹姆斯发现：一个人在平时的表现和经过激励后的表现几乎相差一倍。

激励分为两种，一种是物质激励，另一种是心理激励。就成功这件事而言，心理激励更为重要。因为物质激励的结果性更强，只能在短期内鼓舞士气，时间久了就会令人产生倦怠；心理激励则不然，它是先行的，不会因为时间长了而降低效用。

与此同时，激励还分外在激励和自我激励。对渴望成功的人来说，自我激励是必不可少的，它不受时间、环境的局限，随时随地都可以进行。我们在生活中会接触到大量的负面信息，面对这些内容时，就要学会主动给予自己正面的、积极的暗示，这个过程就是自我激励。经过激励后，人的心理动力会加大，积极性大幅提升。在没有激励的情况下，心理动力很小，积极性比较低。积极性的发挥，取决于能力和动力，而能力的发挥很大程度上跟动力有关。当我们激发出内在动机，就有了一股强大的力量，催促着自己朝着既定的目标加速前进。

具体来讲，可以在平时尝试一下这些做法：有意识地激发自己对工作的

> 心理学与生活

热情,每天花点时间做自己喜欢的事,体会到生活的乐趣;每天回想一下当天发生的令自己感到骄傲的事情,哪怕是很小的事情;把能够展示自我价值的东西摆在眼前,时刻吸收它带来的正能量。

勤奋的前提是找对自己的位置

瓦拉赫效应是以诺贝尔化学奖获得者奥托·瓦拉赫命名的，他有着传奇的一生，鉴于他在化学方面的成就，心理学家总结出了一个规律：人的智能发展会呈现出不均衡性，每个人都有自己独特的智能强点和弱点，能够找到智能强点中的最佳点，自身隐藏的潜力就会得到极致的发挥，从而取得惊人的成绩。

让我们来看看瓦拉赫的人生经历吧！他的父母酷爱文学，一直希望他能在文学方面有所建树，在瓦拉赫读中学时，父母就为他选择了一条文学之路。瓦拉赫在文学的课堂上读了一个学期，可在期末时得到的评语却是："瓦拉赫是一个听话的孩子，也很努力，但过度拘泥。虽然他有着美好的品行，但很难在文学上崭露头角。"

父母看过后，决定放弃对瓦拉赫在文学方面的培养，送他去学习油画。结果，瓦拉赫不会构图，也不会调色，对油画的理解力很差。期末考试，他成了班里成绩最差的。

瓦拉赫一度被学校视为最笨拙的学生，很多老师都觉得他不可能成才，可唯独化学老师很欣赏他，认为他具备做好化学实验的基本品格。后来，父母接受了化学老师的建议，送他去钻研化学。结果，就是我们看到的，瓦拉赫获得了诺贝尔化学奖。

瓦拉赫的经历无疑提醒着我们：倘若在某个领域内不停地努力，仍然

心理学与生活

无法完成任务，或是取得成绩，那很有可能是定位错了。唯有深刻地认清自己的特点，找准合适的位置，才更容易获得成功。正所谓："尺有所短，寸有所长。"人只有从事与自己特长相符的工作，才能实现自身资源的优化配置，若是反其道而行，往往事倍功半。

衡量自己的定位是不是对的，不在于计算自己付出了多少努力，花费了多少时间，而在于你是否在某个领域内找到了兴趣和有效学习、工作的方法。当然，这个最佳出发点不是固定的，因为个人的特长和兴趣会随着时间、年龄、环境发生改变，我们要学会因时因地地调整自己，准确定位。

心理学与生活

完全没有压力并不是一件好事儿

生活中，遇到压力的时候，你的第一个想法是什么？是觉得内心压抑，抱怨时运不济，恨不得赶紧逃离这种窘境？还是乐观地接受它，想着有压力才有动力？

在多数人看来，压力就像一块压在心里的大石头，让人喘不过气来。事实上，压力不完全是一件坏事，以至于有些人在很多时候若没有压力，还要主动地去制造一些压力。听起来有点不可思议，是吗？别急，下面这个例子就是一个很好的说明。

有两位船长要指挥各自的船横渡海峡。此时，海峡上空乌云密布，眼看暴风雨就要来了。第一位船长思考后，命令水手往船上搬石头；第二位船长从望远镜里看到前者的举动，摇着头嘲笑对方愚蠢，他觉得让船减轻重量才能快一点穿过暴风雨。所以，他下令把船上一切没有用的物品都扔掉。结果，第二位船长的船在海峡中间被风打翻了，而第一位船长的船却因为载重很大，稳稳地渡过了海峡。

可见，压力不总是一件坏事。在心理压力的作用下，人的生存需求和社会动机能够将内在的潜能激发出来。在一定程度范围内，压力越大，激发潜力的可能性就越大。同时，人的心理是有弹性的，你越是挤压它，它的弹力就越大。对不甘平庸的人来说，正确面对压力、合理调节压力，有益无害。

> 知识链接

如何变压力为动力？

第一，接纳压力。不要抱怨和排斥，唯有接受现实才有改变的可能。

第二，分解任务。压力来自棘手的难题，当一个人认为问题无法解决时，就会产生紧张和压抑感。此时，要对手头的任务进行分解，清楚地知道哪些事可以先做，哪些事可以放一放，如此便不至于停在原地，对于解决问题有很大帮助。

第三，寻求帮助。人是群体动物，遇到难题时可以向周围的人求助，不必一个人扛着。

第四，自我放松。找到适合自己的解压办法，如跑步、唱歌、旅行等，这些行为虽然无法直接解决问题，但能够放松身心，让身心恢复到比较好的状态，提高工作效率。

心理学与生活

眼看就要成功时，有人选择了逃避

美国心理学家马斯洛提出了约拿情结的概念，说的是：在我们最得意的时候，我们通常会害怕成功。因为我们害怕正视自己能力最低的可能性，也害怕正视自己潜力所能达到的最高水平。

典型的"约拿情结"

逃避成长　拒绝承担　机遇不悟

每个人都渴望在生活中实现梦想、发挥潜能。可现实中，真正能够做到这些的人并不多。究其原因，约拿情结占据着一定的比重。这种情结致使人们不敢去做自己能够做得很好的事情，甚至逃避发挥潜力的机会。

马斯洛认为，人们不仅会压制危险的、可怕的冲动，也会压抑着美好的、崇高的冲动。成功，属于美好而崇高的冲动。另外，人的行为会受周围环境的影响，为了迎合社会普遍流行的观点和行为方式，就会隐藏真实的个性特点。

我们的社会向来提倡谦虚低调，不太喜欢高调行事的人，但人的本性中都有追求成长、渴望成功的内在冲动，在这种冲动的作用下，人们为了理想而奋斗，希望表现出自己优秀的一面，得到他人的认可。但长期的生活经验又提醒人们，过分张扬是不受欢迎的，为了防止冒犯别人或遭受敌视，就只好压制追求自我实现的真实情感，披上谦虚的外衣。

成功的人在处理约拿情结时的做法，对我们来说是一个很好的启示。他们在内在本性和外在环境的冲突下，没有选择向外界妥协，变得温顺、服从，而是坚定地选择追求梦想和自我实现，以自己的方式去解决冲突，始终保持着进取精神。

成长是人的本性，每个人都在成长，只是方式不同。当你面对自己想要的东西时，你是勇敢去追寻，还是在恐惧紧张之下选择妥协？记住：不同的选择，酿造不同的人生。

竖在眼前的栏杆越高，跳得就越高

跨栏定律是一位名叫阿费烈德的外科医生提出的。当年，他在解剖尸体时，从某个肾病患者的遗体中取出患病的那个肾，发现它比正常的肾脏要大，而另一个肾脏也大得出奇。在多年的医学解剖过程中，他不断地发现类似情况。

鉴于此，阿费烈德写了一篇颇有影响力的论文，从医学的角度进行了分析。他认为：患病器官在和病毒不断斗争的过程中，功能会日渐增强。假如有两个相同的器官，当其中的一个器官死亡后，另一个器官就会承担起全部的责任，从而变得更加强壮。

随后，在给美术专业的学生治病时，他又有了新的发现：这些搞艺术的学生，比普通人的视力要差很多，有的甚至还是色盲。阿费烈德觉得，这就是病理现象在社会现实中的重复，于是他把自己的思维触角延伸到了更广泛的层面。在对艺术院校的一些教授进行调研后，结果恰如他所预料的那样，一些颇有成就的教授之所以走上艺术之路，正是因为他们有着某些生理缺陷。

后来，阿费烈德就把这种现象称为跨栏定律，即竖立在你面前的栏杆越高，你跳得就越高。这就不难理解，为什么我们平日里会看到，许多盲人都有超强的音乐天赋，失去双臂的人双脚更为灵活，恰恰是因为缺少了一些东西，才会在另一方面加倍地补偿。倘若把这个定律运用到事业上，就可以说，一个人的成就大小往往取决于他所遇到的困难的程度。

在角落里努力生长，就是"蘑菇"要做的事

20世纪70年代，计算机行业刚刚兴起，从事计算机程序开发的人得不到周围人的理解和认可，甚至被其他行业的人质疑他们的工作认真度。这些年轻的计算机程序员不甘如此，就激励自己要像蘑菇一样生长。

为什么要把自己比喻成蘑菇呢？因为他们觉得自己的处境与蘑菇类似，生长在阴暗的角落里，见不到阳光，没有足够的肥料，面临着自生自灭的状况。唯有长到足够高、足够壮的时候，才会被人们关注。此时的它们，才可以独自接受阳光雨露。

靠着这种激励，年轻的计算机程序员们对工作充满信心，坚信自己终有一天会像蘑菇那样，出人头地，被人重视。后来，人们就把初学者不被重视、从事打杂工作，无端遭受批评指责，得不到必要的指导和提携的情况，称为"蘑菇定律"。

现实中，几乎每一个人都会遇到"蘑菇期"。这个时候，哭闹抱怨无济于事，只有选择挺住，比别人更加积极，才能顺利坚持下去。如果非要强调自己是"灵芝"，往往连"蘑菇"也没得做。想顺利度过"蘑菇期"，有效的办法就是做好"蘑菇"该做的事。

作为新人，要注意礼貌问题，跟周围的人友好相处。被安排做一些简单的任务时，要诚恳认真地对待，切忌满腹牢骚，怨气冲天。一个连小事都做不好的人，谁敢把大事托付给你呢？梦想和现实之间是有差距的，也许最初的境遇不合心意，收入也不理想，但这恰恰是蘑菇定律在考验你的适应能力。

达尔文说过一句话："要先改变环境，必须先适应环境，别等环境来适应你。"对于正处于"蘑菇期"的年轻人来说，这真的是一番绝佳的忠告。

最艰难的时刻，往往是改变的起点

1502年10月，葡萄牙航海家麦哲伦的航船发现了今天的麦哲伦海峡。这一惊人的发现，让水手们欢呼雀跃，然而在这片水域之后，还隐藏着一个什么样的世界呢？麦哲伦决定，继续前行探索。

水手们认为，发现了这片海峡就已经很不错了，应该回国向国王邀功。可麦哲伦不这么想，他坚持要前进。此时，船队面临的处境很艰难，粮食储备不足，环境恶劣，水手当中已经有人饿死了。即便如此，麦哲伦还是坚持自己的决定，鼓励水手说，就算是吃帆布，也得继续往前走。

就这样，麦哲伦带着水手们前进了，他们熬过了这段艰难的旅程，终于在海峡的另一面发现了太平洋，铸成了航海史上的一大壮举。

这个故事暗含着心理学中的飞轮效应：为了使静止的飞轮转动起来，一开始必须要花费很大的力气，一圈圈周而复始地推，每转一圈都很费劲，但每一圈的努力都不是无用功，因为飞轮会转动得越来越快。在达到某个临界点时，飞轮的重力和冲力会成为推动力的一部分，此时无须再费力，飞轮也会快速转动，且会不停地转动。

我们时常说，万事开头难。想做成一件事，在开始的时候必然要面临诸多的阻挠和困难，多数人都败在了这个艰难的时刻，如果能坚持下去，度过困难期，就将步入平稳发展的阶段。飞轮效应让我们看到了胜利的曙光，只要坚持不懈地推动事业的飞轮，终有一天，它会自己飞快地旋转起来，而无须我们费多大力气。

> 心理学与生活

同一件事情，不能同时制定两个标准

森林里住着一群猴子，每天都是日出而作，日落而息，日子过得平静安详。直到有一天，一名游客不小心把手表落在了树下的岩石上，猴子们捡到了这块手表。有一只叫孟可的猴子很聪明，很快就知道了手表的用途。于是，孟可成了猴子中的领袖，每只猴子都向孟可询问时间，而整个猴群的作息时间也由孟可来规划。

成为领袖的孟可，认为是这块手表给自己带来了好运。于是，它每天都在森林里寻找，希望能再捡到一块手表。果然，它捡到了更多的手表，但麻烦也随之来了。每块手表显示的时间都不同，到底哪一个才是确切的时间呢？孟可自己也说不清楚。

于是，当有猴子来询问时间时，孟可支支吾吾地回答不上来，猴群的作息时间也变得混乱了。过了一段时间后，猴子们开始造反，把孟可推下了领袖的位置，而孟可收藏的手表也归新领袖所有。

这就是著名的手表定律，它提醒我们：当拥有一块手表时，可以确定时间；当拥有两块或更多的手表时，却无法确定时间了。因为，更多的手表无法告诉我们准确的时间，反而会让看表的我们感到迷惑。

由此延伸，便可得出一个道理：对待同一件事情，不能同时设定两个不同的标准，不然这件事情就会变得复杂，使人毫无头绪。对个人而言，也不能同时选择两种不同的价值观，不然行为和思维都会陷入混乱；对企业来说，更不能同时采取两种不同的管理方式，否则企业就难以正常地运转。

在做事之前，我们必须有一个明确的目标和价值标准，而后脚踏实地地去做。当两个目标、两种思想同时出现，并相互冲突时，必须有所取舍。就像尼采告诫我们的那样："兄弟，如果你是幸运的，你只要有一种道德而不要贪多，这样，你过桥会更容易些。"

这世界上存在太多的标准，即便是同一件事，每个人的衡量标准也都不一样，坚持自己的观点和立场，明确自己真正想要的是什么，如此不管是成是败都能够心安理得。

烫手的山芋里，通常隐藏着机遇

1927年，鲁迅先生在《无声的中国》一文中写道："中国人的性情总是喜欢调和的、折中的，譬如你说，这屋子太暗，须在这里开一个窗，大家一定是不允许的。但如果你主张拆掉屋顶，他们就会来调和，愿意开窗了。"

对于这种先提出一个很大的要求，然后再不断降低要求以被他人接受的现象，在心理学上被称为"拆屋效应"。在面对棘手的问题时，人们往往会先想到拒绝；当对方降低了难度和要求时，人们就会犹豫；如果再次降低，人们通常都会答应。

需要注意的是，这种心理在职场上是有负面效应的。当老板布置了一个难度较大的任务时，多数人会选择推脱，但老板真正想要的，是敢于接住烫手的山芋、勇于挑战自我的人。

想得到老板的赏识，在人群中出类拔萃，就要在关键时刻挺身而出，而不要等着老板一再地降低要求。你能帮助老板分担风险、解决难题，他才会信任你、重用你。如果总是想着"不是我的事，我为什么要出头"，那就不要怪升职加薪没有你的份儿了。

记住：狭路相逢勇者胜，这是无论何时都适用的真理。

老鹰靠什么成为鸟类中的霸主？

在鸟类的世界中，最强壮的种族恐怕就是老鹰了。老鹰的强大与它的育雏习惯有关，一般来说，老鹰一次能生下四五只小鹰，而老鹰每次猎捕回来的食物是有限的，仅仅够一只小鹰所食。

自然界的其他鸟类在喂食时，多半都会依照公平原则分配食物，但老鹰不同，它会优先喂那只抢得凶的小鹰。母亲的偏心使瘦弱的小鹰一直得不到食物，结果就被饿死了，而那只抢得最凶的小鹰，却因食物充足而更加强壮。长此以往，老鹰就成为鸟类中的霸主。

后来，心理学家就把这种"物竞天择，适者生存"的现象称为老鹰效应。职场的环境与小鹰的生存环境相似，逃避解决不了任何问题，只有让自己变得强大，才能不被淹没在竞争中，得到脱颖而出的机会。这就需要在适当的时候勇敢表现，当公司召开例会，其他人都不愿意发言的时候，不妨克服恐惧，说出自己的想法，大胆地迎接竞争。

要完成这一步的飞跃，其实并不难，只要先实现心理上的飞跃即可。每一次的发声，都要让领导感受到你的自信和魄力，而你也会在这个过程中，对自己更加自信，你的事业生涯也会随之改变。

记住"过来人"的忠告，少说话多做事

初入职场时，有没有人提醒过你，要多做事、少说话？为什么很多"过来人"都要给新人这样的忠告呢？这是因为，言多必失，一不小心说错话，会给自己带来麻烦。

当你还沉浸在口吐莲花的美妙感觉中时，听者可能已经面露不屑，或是扬长而去。因为，你可能说中了人家的隐私，或是触及了别人的禁地；还有可能，你只顾说话而忘记了做事，光是纸上谈兵，却没有脚踏实地的干劲儿，被领导视为光说不练的假把式标杆。

真正聪明的人，能在事业上有建树的人，往往都坚持一个原则：多做事，少说话。这就是心理学上的塔玛拉效应。

塔玛拉，原本是捷克雷达专家弗·佩赫发明的一种雷达，它与其他雷达最大的不同在于，它从来不发射信号，只负责接收信号，所以能躲过敌方反雷达装置的搜索。倘若把发射信号比喻成"说"，把接收信号比喻成"做"，将此原理运用到职场中，自然就是只做事不说话，而这才是最安全的状态。

应对高压挑战，把注意力放在过程上

西欧的心理学家发现：在给大猩猩观看恐怖画面后，大猩猩的呼吸和心跳的频率，以及血压都有了明显的升高。它们表现得烦躁不安，记忆力和注意力都明显下降，这些现象很像人类在高原缺氧地区的反应。后来，心理学家就把个体面临恐惧、高压、突发事件时的心理称为高原效应。

细想一下，我们在面对特别在意的重大事情时，或是挑战有难度的工作时，往往都会出现心情烦躁、紧张焦虑、呼吸急促等情况，这其实就是高原效应。轻度的高原效应是有益的，能增加个体的兴奋度和反应敏感度，但若高原效应过于严重，就可能导致我们无法正常发挥出自己的能力，很难顺利地把事情做好。

要缓解高原效应，有一个不错的办法，就是充分利用"最佳表演时间"，以此进行暗示。所谓"最佳表演时间"，就是在心里默默地演练即将要面临的情境，通过积极的心理暗示，想象自己接下来要面对的不是让自己感到有压力的分数、人物，而是欣赏自己的观众。即将登台的你，一定可以展示出最好的一面，我们的表演不是为了得到对方的肯定和掌声，而是为了展示出最好的自我。

说到底，这种方式就是暗示我们：别太看重结果，多享受过程。每个人的潜意识里都存在着一定的表演欲，"最佳表演时间"就是把这种欲望无限地放大，继而克服和抵消高原效应带来的负面影响。

Chapter 8

亲密关系里的
人间清醒

你理想中的另一半是什么样的？

说起择偶这件事，每个人的心理都不一样，择偶心理往往是多种心理的交织，但以某种心理倾向为主。现代人的择偶心理比较复杂，受社会环境、个人三观等因素的影响。

在年轻人中，追求外表美的择偶标准很常见，不少人都希望自己的另一半长得漂亮、英俊，这本是人之常情，但若一味地强调外表，就会掉进择偶误区。仅仅依靠外表来维系的爱情，通常难以长久，也比较肤浅。岁月催人老，人品、才干、经济基础这些因素也是长久相处、维持生活不可或缺的。恰如歌德所言："外表美丽只能取悦一时，内心美方能经久不衰。"

有人在择偶时，事先设定了一系列的条件，凡是不符合其中某点的，哪怕其他方面都很好，也不予考虑。在完美主义的择偶心理之下，很难遇到满意的对象，因为世上不存在完美的人。就算真的遇见了，对方在相处过程中表现出的瑕疵，也会让追求完美的人觉得难以忍受。

还有人在择偶方面走极端，或是过于强调精神上的契合，或是过于追求金钱物质，两者往往都不太可取。没有物质基础的爱情，往往会走得很艰难；而建立在物质基础上的感情，也不够牢固，当金钱散去的时候，关系很难维系。

男女的择偶心理多种多样，上述的是几种基本类型。无论持有什么样的择偶心理，都应记住这样的原则：以利交者，利尽则散；以色交者，色衰则疏；以心交者，方能永恒。

哪一个阶段最容易发生移情别恋？

热恋时期的两个人，有说不完的话，总想为对方做更多的事，认为对方是世界上最好的人，愿意为了对方调整自己的习惯和爱好。随着交往的深入，热恋时的新鲜感逐渐退却，心理宁静期便到来了。

心理宁静期多了几分理性的色彩，两个人对彼此已经很了解，日子每天都一样，再没有初恋时的新鲜刺激，厌倦感就会慢慢堆积起来。此时，移情别恋最容易发生。心理学家认为这不是出于人的本性，人的本性在于寻求新的刺激，但新的刺激不一定需要新的恋爱对象，倘若用全新的眼光看待现有的恋人，一样可以找到新的刺激。

任何一段爱情开始时都是美妙的，当两个人之间的新鲜感逐渐消失，平淡把激情一点点磨灭时，难免会发生争吵。这个时候，必要和适量的容忍就显得相当重要，存在误会应该解释清楚，而不要把疙瘩放在心里，否则日积月累会让心里的灰尘越来越厚。

世界上没有一个完全契合你的人，更没有一段完美无缺的感情。想要保持爱情的新鲜感，最好的方法是：两个人都有属于自己的空间和一个共同的方向，向着这个方向，两个人不断地努力。

婚恋中的"猜猜猜",换做谁也受不了

培根曾说:"心思中的猜疑就像鸟中的蝙蝠,永远在黄昏里飞。猜疑的确应该被制止,至少应当节制,因为这种心理使人精神迷惘、疏远朋友,而且扰乱事务,使之不能顺利有恒。猜疑,使君王易施暴政,为夫者易生嫉妒,有智谋者寡断而抑郁。"

猜疑,是一个可怕的心理误区,也是一片阴暗的沼泽地。一旦陷入,就会让人丧失理智,无法自拔。特别是在爱情和婚姻中,猜疑更是不能触碰的禁忌物。在猜疑者看来,自己的猜疑永远是对的,对方沉默就等于默认,对方解释就等于狡辩,完全就是一个死胡同。

什么样的人容易在婚恋中猜疑呢？

情感失衡的人，由于对另一半投入的感情太多，而对方回报较少，自己感觉受到了冷落，就会心生猜疑，认为对方另有所爱。一旦有了这样的想法，就会四处搜寻证据。这类猜疑者中女性居多，因为女人都喜欢热烈的爱情，当激情退却后，她们势必会有些失落。要减轻这种失落感，减少猜疑的发生，最好是把一部分精力投入工作或其他兴趣。

自卑也容易引发猜疑。弗洛姆说过："爱是信心的行为，谁没有信心谁便没有爱。"在婚恋当中，自卑的一方总担心自己不够好，害怕对方移情，就很容易产生疑心。对这种情况，要及时地跟伴侣沟通，说出自己的真实感受，找出问题的根源，切实地解决问题。

爱情是需要经营的，婚姻更是如此。再美好的感情，也禁不住毫无根据的猜疑。放下猜疑，相信自己是值得被爱的，多给予爱人一点信任，爱才容易长久。

没有醋意的爱情，等于没有灵魂的躯壳

嫉妒是人类普遍存在的一种心理，但爱情中的嫉妒心理，与人在其他行为中的嫉妒心理不同，几乎每个人都难以彻底摆脱。

记得一位哲学家说过："爱情的快乐同人类的所有快乐一样，需要一定的刺激——愉快感的对立面。这种快乐绝不会长期晴空万里。如果没有不快乐作陪衬，则快乐也会显得平淡。正因为此，爱情需要薄薄的一层忧伤，需要一点点嫉妒、疑虑、戏剧性的游戏。"

从某种程度上说，嫉妒对爱情可以起到一定的积极作用。

嫉妒是出于爱和在乎，没有醋意的爱情就等于没有灵魂的躯壳。倘若一个人对伴侣所做的一切都无所谓，那恐怕就不是爱了。爱情具有排他性和独占性，当一个人发现恋人对自己的爱减弱时，吃醋引起的一些行为，会成为逆向刺激，强化伴侣对于爱的专注。

凡事有度，过犹不及。倘若吃醋到了不可理喻的地步，任何风吹草动都能引起嫉妒，那就会影响彼此的感情了。所以，在与伴侣相处时，一定要学会适当地控制自己的情绪，尊重对方的感情，允许对方有自己的人际交往空间。同时，要分析自己是否过于敏感，缺乏自信，若真如此，就要积极地转移注意力，充实自己的生活。

心理学与生活

这个世界上有没有最大最好的麦穗?

说起麦穗定律,我们不得不提到一个人——苏格拉底。

有一次,柏拉图问老师苏格拉底:什么是爱情?苏格拉底让他到麦田里去,摘一株全麦田里最大最金黄的麦穗来,只能摘一次,并且只能往前走,不可回头。柏拉图按照老师的要求去做了,结果两手空空地回来了。

苏格拉底问:"你为什么没有摘呢?"柏拉图说:"因为只能摘一次,又不可以回头,其间就算看到了很大很金黄的,可不知道前面还有没有更好的,就没有摘。走到前面时,发现后面的麦穗总不及之前见到的好,原来最大最金黄的麦穗已经错过了,所以我一无所获。"

苏格拉底说:"这就是爱情。"

人们对爱情的要求过于完美,在行走的过程中,由于对未来不可知,对过去无法回头,所以始终难以完美,这一现象被称为麦穗定律。

生活中经常会出现这样一块麦田,每个人都希望找寻到最大最好的那株麦穗,可那株麦穗在哪儿呢?也许是曾经错过的,也许是眼前出现的,也许在未来的路上等着我们。不同的人对于最大的麦穗有着不同的标准,有的人得到了不懂得珍惜,总想着还有更好的;有的人患得患失,害怕失去了再难寻觅;有的人认为,手里拥有的就是最大的,尽管现实未必如此。

麦穗定律提醒我们:人生中有很多又大又好的麦穗,错失一株没有关系,只要在遇到下一株的时候懂得珍惜就好。倘若总是念念不忘曾经错失的

麦穗，对其他麦穗视若无睹，认为这样才算珍惜，那便陷入了一个误区。因为到最后，错过的不仅仅是那株又大又好的麦穗，而是麦田里所有又大又好的麦穗。

在寻找真爱的过程中，错过一次不要紧，怕的是一而再、再而三地错过。不要因为错过了一次，就放弃再次寻找；也不要在找到之后，再希冀着去找更大的。人生永远都无法尽善尽美，清楚什么是自己想要的，选自己所爱，爱自己所选，就是最好的珍惜。

> 知识链接

别忽略一直陪你的那个人

心理学中有一个价值定律，指的是当你拥有某个东西的时候，你就会发现它并不像你原来所想的那样有价值。正因为此，很多人都喜欢去追寻得不到的感情，却学不会珍惜身边的感情，总以为得不到的才是最好的，殊不知陪伴在身边的才是最有价值的。

得不到的未必是最好的，不懂得珍惜握在手里的，到头来不仅让自己遍体鳞伤，还会伤害那个深爱自己的人。如果你身边已经存在了一个真心爱你的人，请珍惜吧！

看清楚什么是爱，什么是心理依赖

一位失去恋爱对象的人向心理咨询师哭诉，说自己活不下去了。心理咨询师告诉她："你搞错了，你根本不爱自己的伴侣。"对方很生气，质问咨询师为什么要亵渎自己神圣无比的爱情。咨询师耐心地解释说："你说的那不是爱，那是寄生。"

人们在失去爱情的时候，总是习惯说："我太爱他了，我不能没有他。"这听起来似乎是痴心一片，用情至深，但其实这并不是真正的爱，而是一种心理依赖。所谓的心理依赖，是指个体处于自己无法选择的关系之中，被迫做违心的事，虽然他自己也讨厌被迫行事的方式。

习惯心理依赖的人，总会把别人看得比自己重要，期待着别人的安抚与赞许，会不自觉地迎和他人的意愿说话、做事，以取悦对方，将自己置于依附的地位。他们总是将幸福寄托在他人身上，似乎找到了一个伴侣就找到了幸福。事实上，这不是爱情，而是寄生。

女诗人舒婷有一首诗叫《致橡树》，它把爱情诠释得非常美好，且十分理性：

我如果爱你——

绝不像攀援的凌霄花，

借你的高枝炫耀自己；

我如果爱你——

绝不学痴情的鸟儿，

为绿荫重复单调的歌曲；

也不只像泉源，

常年送来清凉的慰藉；

也不只像险峰，

增加你的高度，衬托你的威仪。

甚至日光。

甚至春雨。

不，这些都还不够！

我必须是你近旁的一株木棉，

作为树的形象和你站在一起。

根，紧握在地下，

叶，相触在云里。

每一阵风过，

我们都互相致意。

……

爱应当是相互依存，又相互独立的。人生的幸福不是别人给予的，而是自己定义并抒写的，只有两个心理独立而健康的人，才能营造出一段美妙的亲密关系。

感情是相互的，一个人的付出没有意义

有一次，美国作家马克·吐温在教堂里听牧师演讲。最初，他觉得牧师讲得很感人，并准备捐款。十分钟过去后，牧师还没有讲完，他就有些不耐烦了，决定只捐赠一点零钱。

又过了十分钟，牧师还没有讲完，马克·吐温决定一分钱也不捐了。当牧师最终结束演讲，真正开始募捐时，马克·吐温做了一件令人惊讶的事。他非但没有捐钱，反而从募捐的盘子里拿走了5元钱。

这种刺激过多、过强以及作用时间过久引起的极度不耐烦，甚至有反抗情绪的心理现象，被称为超限效应。

又过了一个小时后，主播还没有将货品上架

把超限效应运用到感情中，我们能领悟到的是：当遇到了不懂得珍惜自己的人，与其苦苦地留恋，处处忍让迁就，倒不如毅然决然地放手，不再做无用的牺牲。

感情的事是相互的，如果只是一个人在付出，这份爱就会给人带来痛苦。很遗憾，生活中的很多人不懂得这个道理。在遭到倾慕对象拒绝，或是对方提出分手时，总是不停地追问：为什么要这样对我？非让对方给出一个理由。到最后，对方很可能就会胡乱地找一通理由，原因就是受不了纠缠，引发了超限效应。

爱一个人，或是不爱一个人，都是没有理由的。感情这件事是不能勉强的，爱就是爱，无关外在的任何条件；不爱就是不爱，纵然冠冕加身，也难以动情。当爱已经没有回报，就不要再做牺牲者，与其苦苦挣扎讨好，倒不如选择放手，给自己和对方重新开始幸福的机会。

想让爱人变得更好，从停止指责开始

古希腊神话中记载过这样一个故事：

塞浦路斯的国王皮格马利翁很喜欢雕塑。有一次，他用象牙精心雕了一座美女像，为它取名叫"盖拉蒂"。这座雕塑实在太完美了，皮格马利翁沉醉于自己的杰作中。他每天对着雕塑倾诉，说缠绵的情话，赞美它的容貌，真心希望它可以幻化成人，做自己的妻子。

终于有一天，皮格马利翁的痴心感动了女神，雕像真的变成了一个楚楚动人的女子，笑吟吟地朝着他走来。皮格马利翁梦想成真了，迎娶了这位自己朝思暮想已久的女子。

心理学上的皮格马利翁效应，就是从这个故事里引申来的，指的是热切的期望和赞美具有超乎寻常的能量，可以改变一个人的行为和思想，激发人的潜能。当一个人得到他人的信任与赞美时，会变得更加自信和自尊，从而获得一种积极向上的原动力。为了不让对方失望，会更加努力地发挥自己的优势，尽力达到对方的期望。

在婚恋中，懂得运用皮格马利翁效应的人，一定都是善于经营情感的聪明人。当希望爱人做出某种改变时，他不会用指责和怒骂的方式说出来，而是发自内心地赞美对方；当对方为他付出的时候，他会表达出对对方的感激之情。如此，爱人往往就会朝着他们所希望的方向改变。所以，想让爱人变得更好，就多说几句赞美的话吧！

> 知识链接

任何爱情都离不开磨合

很多人都有这样的体验：刚刚开始恋爱的时候，觉得很甜蜜，有人陪伴、有人分享，终于不再感到孤独。时时刻刻，都有人想着自己。渐渐地，随着交往的深入，开始发现对方的缺点和不足，问题一个接一个地出现，烦躁、疲惫开始出现，甚至想要逃避。此时，有些人就会思考：他（她）真的适合我吗？

在群体心理学中，有一个磨合效应，说的是新组成的群体需要经过一段时间的磨合，才能够更加协调和契合。爱情也遵循这个定律，它就像磨石子一样，当你对手里的那块石子感到不太满意的时候，与其四处去找寻其他的石头，倒不如好好地对这块石头进行打磨。好的爱情和婚姻，都需要适度的殷勤来灌溉。

无论选择了什么，都要对自己的选择负责

心理学上有一个自我选择效应，说的是选择决定生活，今天的生活是由三年前的选择决定的，而今天的选择也同样决定了三年后的生活。选择效应对人生的影响很大，因为人的选择存在惯性，一旦选择了某种人生道路，人就会沿着这条路走下去，在此过程中还会不断强化对这条路的适应能力。

一个美国人，一个法国人，还有一个犹太人，三个人即将被关进同一所监狱，服刑期均为三年。监狱长答应会满足他们每人一个要求。美国人爱抽雪茄，他从监狱长那里得到了三箱雪茄；法国人爱浪漫，希望能跟一个美丽的女子相伴；犹太人的要求很实际，他选择了一部能与外界沟通的电话。

三年服刑期满后，第一个从监狱里冲出来的是美国人，人们看到他嘴里塞着雪茄，大声地喊道："给我火，给我火！"原来，他当初只要了雪茄，而忘了要火。接着出来的是法国人，此时的他已经有了孩子。最后出来的是犹太人，他握着监狱长的手说："谢谢，这三年里有你送我的电话，我每天都能跟外界保持联系，我的生意不但没有耽误，反倒还赚了不少钱。我决定送一辆劳斯莱斯给你，以表达我的谢意。"

这个故事就是对自我选择效应的诠释。每个人追求的目标不同，选择也不一样，但无论选择了什么，都要对所选择的结果负责。人生处处都需要选择，决定我们是谁的不是能力，而是选择。在爱情方面也是一样，要结合自己的实际情况，并在理性分析的基础上，做出理智的选择。

没有选择的勇气和能力，遇到对的人也枉然

布里丹毛驴的典故，想必多数人都听过：大学教授布里丹养了一头毛驴，他每天都会向附近的农民买一堆草料喂它。一天，送草料的农民出于对布里丹的敬仰，额外送了他一堆草料，放在旁边。结果，毛驴站在两堆数量、质量以及与它的距离完全相同的干草之间，左看看右看看，不知道该选哪一堆才好。就这样，可怜的毛驴在犹豫中，竟然被活活地饿死了。

人们把在决策过程中犹豫不定、迟疑不决的现象，称为布里丹毛驴效应。现实中，我们经常会犯这样的错误，特别是在选择伴侣的时候，总是顾虑太多，害怕一时选错人，造成终身遗憾，因此反复地思考，迟疑不决。更有甚者，徘徊在多个对象之间，不知如何抉择。

萧伯纳说过："此时此刻在地球上，约有两万个人适合当你的人生伴侣，就看你先遇到哪一个，如果在第二个理想伴侣出现之前，你已经跟前一个人发展出相知相惜、相互依赖的深层关系，那后者就会变成你的好朋友；若你跟前一个人没有培养出深层关系，感情就容易动摇、变心，直到你与这些理想伴侣候选人中的一位拥有稳固的深情，才是幸福的开始，漂泊的结束。"

这或许是在告诉我们，爱上一个人不需要刻意努力，只要有感觉，爱意便已经产生。但想持续地爱一个人，就需要长久努力了。不要追问谁才是你的灵魂伴侣，要问在眼前可选的范围内，你想选择哪一个，该选择哪一个。

倘若在爱情中没有做出选择的勇气和能力，就算对的人出现，你也一样会错过。

知识链接

好的爱情离不开"谎言"

美国的一位心理学家经过多年研究，得出一个结论：坦诚相待与美满的夫妻生活，是一对难以调和的矛盾。如果希望在相濡以沫的漫长岁月中保持美满的爱情生活，善意的谎言和适度的欺骗，是必不可少的。

提到爱情，我们首先想到的肯定是真诚，而不是欺骗。可在一些特殊的情况下，真实的表达非但会显得没情调，还可能会伤害到对方。此时，就需要借助一点善意的谎言，来维系感情。这种谎言是出于美好的愿望，是为了让对方感到幸福，不带有任何恶意欺骗的成分。

爱不是毫无保留，而是亲密有间

生活中经常会有这样的情景出现：先生忙于工作应酬，每次陪客户吃饭时，手机总会时不时地响起，妻子在电话里重复地问"在哪儿？""什么时候回来？""跟谁在一起？"时间久了，先生开始反感妻子的做法，两人也因此开始有了隔阂。

面对这样的情形，妻子往往会觉得委屈，原本是好心，却没得到好报。至于先生，也会觉得妻子管得过于宽泛，什么事都要求自己汇报，完全没有了私人空间。

夫妻之间的关系最为亲密，很多人就想当然地认为，什么事情都应该拿出来分享，不能有任何的隐瞒。可是，人不仅是家庭的，也是社会的，即便是合法的夫妻，一方也不可能完全成为另一方的私有财产，他势必会有自己的工作范围、交际范围，倘若另一方干涉得太多，就如同侵入了对方的禁区。

每个人都有自己的私密空间，这是心灵的禁区，一旦受到侵害，就会触及一个人的底线。从心理学上讲，这就是秘密效应。无论是亲人之间，还是夫妻之间，都应当注意这一点。有句话说，花开半朵，酒醉微醺。任何事情都是"八分"最美、最舒适，一旦过度了，就会让人觉得不舒服。

婚姻这件事就跟吃饭一样，稍微留点空间，对彼此都好。扪心自问：你有没有从未向他人说起过的秘密呢？你愿意被人窥探到隐私吗？你愿意做任何事都向伴侣汇报吗？己所不欲，勿施于人！

Chapter 9

越过内心的
那座山

心理学与生活

焦虑：学会与不确定性安然共处

一位年轻的女士，婚后的生活过得不太如意。丈夫的工作应酬较多，经常半夜才回家，她总担心丈夫会出轨。后来，当她发现丈夫与一位女同事交往频繁时，就开始在家中歇斯底里地大闹。任凭丈夫怎么解释，她都疑虑重重。之后，她请了私家侦探调查丈夫的行踪，虽然没有发现丈夫有出轨的行为，可依旧不放心。

渐渐地，她开始心神不宁，每天胡思乱想，出现了头晕、失眠、注意力分散等问题，严重影响了正常的生活和工作。她自己也很痛苦，明知道是自己疑心太重，就是无法控制。在家里的时候，她总是对丈夫发脾气，要求丈夫对自己百依百顺，稍有不如意，就会大吵大闹。

无奈之下，她走进了心理咨询室，希望能够通过心理咨询摆脱困扰。心理咨询师发现，她在叙述事情的过程中，眉头紧锁，搓手顿脚，语言重复啰唆，还伴随着妄想，无法保持平和的心态，总是反复讲述自己的烦躁，担心丈夫出轨。依据这些表现，心理咨询师认为，她患上了轻度的焦虑症。

焦虑的情绪每个人都有，偶尔的焦虑也不足为奇，也不等于患上了焦虑症。焦虑症是焦虑性神经症，以有焦虑的情绪体验为主要表现，常伴有头晕、胸闷、口干、呼吸困难、尿频等症状。这种焦虑不是由实际的威胁引起的，其紧张程度与现实情况并不相符。

至于焦虑症的病因，至今尚且不明。弗洛伊德从精神分析的角度解释，认为焦虑症是由于内心过度不平衡的冲突导致的，冲突的原因是自我不能在本我和超我之间保持良好的平衡，自我太弱而道德标准要求过高，不能适当地压抑来自本我的本能冲动，就产生了焦虑。

焦虑症能治好吗？对于这一点，心理医生给出了一些建议：保持乐观的心理状态，不攀比，不嫉妒，知足常乐。平日里不要大喜大悲，凡事想开一点，让自己的主观思想能够适应客观发展的现实。

其实，轻微的焦虑症，完全能够依靠个人的努力来消除。当焦虑出现时，要意识到这是自己的焦虑心理在作怪，要正视它，不要用自认为合理的理由或客观情况的不如意来掩盖它的存在。唯有接纳，才能改变。

抑郁：谁都可能与"黑狗"不期而遇

不知道从什么时候开始，抑郁症开始成为一种社会病。据中国心理卫生协会透露，目前中国的抑郁症患者已经超过2600万，在我国自杀和自杀未遂的人群中，抑郁症患者占五成到七成；在全球范围内，有超过5亿人正在遭受抑郁症的折磨。

抑郁症是一种常见的精神疾病，主要表现是情绪低落、悲观、思维迟缓、缺乏主动性、自责自罪、睡眠差，担心自己患有各种疾病，严重者会出现自杀的念头和行为。我们熟悉的名人中，很多都是受困于抑郁症，最终选择了轻生。

作家海明威，晚年身患多种疾病，饱受抑郁的困扰。在他那个年代，抗

Chapter 9　越过内心的那座山

抑郁治疗还不成熟。1961年，海明威开枪自杀。女作家三毛，曾经勇敢地浪迹天涯，一生追求自由，可在丈夫荷西意外身亡后，就陷入了精神的低潮。在步入更年期后，她疾病缠身，经常把死亡挂在嘴边，却没有引起家人的注意。1990年，她用丝袜结束了自己的生命。从文学界到演艺界，张国荣、乔任梁的自杀，也都是因为抑郁症。

抑郁症就是一只可怕的大黑狗，无情地吞噬着人的精神乃至生命。维也纳心理医生汉斯·伦茨曾经把抑郁症称为"俱无病"，患有抑郁症的人感觉一切俱无价值、无快感、无力量、无感情、无快乐，悲观绝望。

倘若有一天，抑郁症这只大黑狗真的缠上了我们，该怎么办呢？心理学家提议，可以从以下几方面预防和消除抑郁症。

第一，快乐的心态是治愈抑郁症的良方。

第二，运动能舒缓压力，抑郁症的产生有时就是压力太大的缘故。

第三，吃一些令人快乐的食物，如深水鱼、香蕉、菠菜、全麦面包等。

第四，把每一天发生的快乐的事情都记录下来，不时地拿出来看看。

孤僻：不要把自己活成一座孤岛

孤僻心理，是指因缺乏与人的交流而产生的孤单、寂寞的情绪体验。孤僻的人通常比较内向，不愿意与别人接触，待人冷漠，对周围的人常常带着一种戒备、厌烦的心理，猜疑心较强，容易神经过敏，做事喜欢独来独往，经常会陷入孤独和空虚中。

心理上的孤僻和一个人独处不同，孤僻的人无论置身在哪儿，都会感到孤独冷漠。这种情绪体验会令人产生强烈的挫败感和狂躁感，令人心灰意冷，严重的还会厌世轻生。

至于孤僻心理产生的原因，主要有以下几点。

第一，与青年期的心理特点有关。孤僻心理在青年群体中较为常见，因为青年人正处于准成熟状态，三观刚开始建立，自认为已经长大成人，时常觉得自己不被理解，继而产生一种孤独感。

第二，缺乏人生的目标。一个有着强烈事业心的人，往往是不会产生孤僻心理的，因为他的时间和精力都用在了工作上，对事业充满热情。相反，若是没有什么目标，不思进取，生活圈子狭小，才更容易感到孤僻。

第三，内向性格导致孤僻。内向的人自我中心观念较强，内心深处有强烈的抗拒感，对周围的人和事表现得很淡漠，习惯自我封闭。

第四，早年的创伤经验。父母离异、家庭暴力、遭受欺负等不良刺激，致使儿童过早地接受了烦恼、忧虑、焦虑等不良情绪体验，从而变得消极、冷漠、敏感，不相信任何人。

第五，社交挫折。有些人不太善于社交，在人际交往中遭遇过拒绝或打击，自尊心受伤，就把自己封闭起来。越不与人接触，社会交往能力就越得不到锻炼，结果就越孤僻。

那么，如何消除孤僻心理呢？这里有几条建议，可供参考。

（1）孤僻的性格是在生活环境中受到反复强化逐渐形成的。因而，要努力完善个人品质，克服孤傲的心理，增加心理透明度，以开放的心态与人交往，体会人际交往的快乐。

（2）正确地评价自己和他人，不要总觉得自己不如人，担心被人嘲笑、拒绝，而选择用封闭的方式保护自尊；也不要自命不凡，认为他人不配与自己交往。要真诚地与人接触，沟通感情，享受朋友间的友谊与温暖。

（3）培养健康的生活情趣，利用闲暇时间做一些喜欢的、陶冶情操的事，如书法、写作、音乐、种花等，这都有助于消除孤僻感。

（4）学习交往技巧，逐步培养开朗的性格。不妨先结交一个乐观积极、志趣高雅的朋友，跟随他一起，纠正认识上的偏差，丰富知识经验，愉悦身心。

虚荣：扔掉"走样"的自尊心吧

什么是虚荣心理呢？若你看过莫泊桑的《项链》，你一定还记得里面的女主人公马蒂尔德，她就是虚荣的代表人物。她为了光鲜亮丽地出席宴会，去借朋友的一串项链，不料却把项链丢了，花费了一生的时间去赔偿，最后却得知那串项链是假的。

所谓的虚荣心，就是以不适当的虚假方式来保护自尊心的一种心理状态，是为了得到荣誉、引起普遍注意而表现出来的一种不正常的社会情感。通俗来说，就是扭曲了的自尊心。

人之所以会有虚荣心，与需要不无关系。依据马斯洛需要层次理论，人类的需要包括生理需要、安全需要、归属和爱的需要、尊重的需要、自我实现的需要。当一个人的需要超过了自己的能力，就会想到用不恰当的方式来满足自尊心，这时就产生了虚荣心。在虚荣心的驱使下，人会为了追求面子上的好看，不顾现实条件，甚至产生犯罪动机。

当虚荣心得不到满足时，虚荣者会因为自己不如他人而感到痛苦；当虚荣得到满足后，又会担心真相败露而受折磨。所以，虚荣的人永远是纠结的，很难平静幸福。为此，我们要对虚荣心理加以克服，减少它对生活的负面影响，这里有几条建议可供参考：

第一，提高自我认知，了解自己的优缺点，分清自尊心和虚荣心。

第二，珍惜自己的人格，保持自尊自重，不要为了一时的心理满足而丧

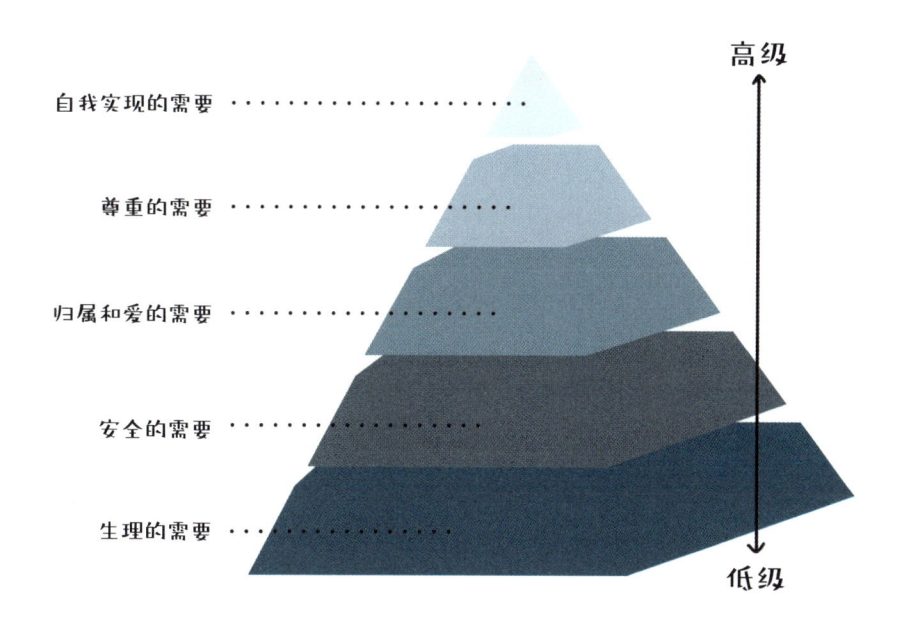

Chapter 9　越过内心的那座山

高级

自我实现的需要 ......

尊重的需要 ......

归属和爱的需要 ......

安全的需要 ......

生理的需要 ......

低级

生理的需要 　　　安全的需要

归属和爱的需要 　　尊重的需要 　　自我实现的需要

失人格。

第三，树立崇高的理想，追求真善美，减少对虚名的在意，时刻朝着自己的目标努力。

第四，不与他人攀比，正确对待舆论。横向地与人比较，心理永远无法平衡，只会促使虚荣心愈发强烈。要跟自己的过去比，看到自己的进步，通过自我努力去满足实际的需要，而不要人云亦云，被他人的价值观左右。

自卑：停止比较，你会更快乐

自卑是一个人对自己的能力、品质等作出偏低的评价，总觉得自己不如别人的一种消极的心理状态，也是普遍存在的一种负面情绪。在与人相处时，自卑的人很想得到他人的肯定，又担心别人的轻视和拒绝，经常敏感地把别人的不愉快归咎于自己。自卑的人过于重视自尊，常常为了保护脆弱的自尊而表现得十分强硬，令人难以接近。

是什么原因令人产生自卑的心理呢？

通常来说，大致有两种情况：一是客观上存在某些缺陷或经历过挫折，引发了自卑情绪，比如出身条件不好、经济条件差、学历低下、身材过胖，或者有过情场失意、当众出丑、被人嘲弄等经历；二是主观感觉自己不如他人，但这种感觉与事实不符。

如何克服自卑心理呢？以下的建议可供参考。

第一，善于发现自己的长处，培养自信心。每个人都有长处和短处，不要总把别人看得过于美好，把自己看得一无是处，要认识到大家都不尽完美，但也都有可取之处。多想想自己过往的成功经历，给自己积极的暗示。至于那些做得不好的事情，也要正确归因。

第二，接纳自己的生理缺陷，重新认识自己。一个身体健康的人，倘若灵魂是空洞的、肮脏的，也不过是空有躯壳；一个病残的人，内心世界丰富多彩，也会深受他人的敬重。不要为了相貌、身高等缺陷而自惭形秽，应多发展和发挥自己的其他优点，去弥补这些不足。

第三，正确地与他人比较，不要用他人的长处和自己的短处比，这样只会让自己泄气。人不可能事事都比他人强，但也不会事事都不如人。

第四，不要对自己太过苛刻，在选择目标的时候，除了考虑其价值和自身愿望，还要考虑实现的可能性。如果总是追求不切实际的东西，就会让自己越来越自卑。在实现目标的过程中，不要因为遭遇了一次失败就泄气，也不要因为某个部分没做好就全盘否定自己。

悲观：生活没那么好，也没那么坏

美国的一位医生做过一个实验：他让患者服用安慰剂，并每日查看病情的变化。安慰剂全部是糖加上某种颜色配制的，呈粉状，与患者平日服用的药物表面看起来完全一样。当患者相信药力，即对安慰剂的效力持乐观态度时，治疗效果相当显著。在服用安慰剂后，90%的患者都感觉病情减轻了许多，有人甚至痊愈了。

这就是乐观的积极作用。那么，反过来，悲观的心理会给人带来什么样的影响呢？一位铁路工人，意外地被锁在一个冷冻车厢里。这位工人清楚地意识到，他置身于冷冻车厢里，如果出不去，就会被冻死。不到20个小时后，冷冻车厢被打开，人们发现那位工人真的死了。医生证实，他是冻死的。可仔细检查了车厢后，人们发现冷气的开关并没有打开。那位工人之所以会死，是因为他确信，在冷冻的情况下自己是无法活命的。

生活中，每个人都会有一点悲观情绪，只是程度不同而已。但若悲观心理过于严重，就会妨碍正常的生活、工作和学习。严重的悲观者会出现一些躯体症状，如失眠、头痛、头晕、胸闷、腹泻等。悲观厌世的人，多半是有过明显精神创伤的，如遭遇过亲人死亡、车祸、事业挫折、人际关系紧张等。

倘若意识到自己产生了悲观的心理，该如何克服呢？

第一，做一个乐观悲观对照表。在一张纸的左边写上悲观感受，右边写上乐观感受，每天睡前把两种感受如实地写下来，全部写完以后，把悲观的部分用笔画掉，看着乐观的部分，大声地念出来。在画掉悲观的那一刻，你会感受到一种力量。如果不写在纸上，在脑子里想象这个过程也是可以的。

第二，努力看到积极的方面。不管遇到什么样的困难，环境如何恶劣，都要努力在这种境遇下发现有利的因素。如此，你就会发现问题没有想象的那么糟糕，那些细微的成功和美好，也会给人以自信和力量。

第三，时刻提醒自己是幸福的。烦恼来袭时，不要觉得自己是天底下最不幸的人，其实上帝是公平的，在给你关闭一扇窗时，必然会为你开一扇门。只是，有时这扇门是虚掩着的，你得自己去寻找，去推开。

人一生中最痛苦的事，莫过于用一双悲观的眼睛看世界，因为透过悲观的眼睛，生活会变得暗淡。事实上，生活中从来不缺少美，只是缺少发现美的眼睛。

> Chapter 9　越过内心的那座山

抱怨：用行动改变可以改变的事

每一个行走在世间的人，都有着各自的难处，没有谁比谁活得容易。只不过，面对失意，有人选择了直视，有人选择了逃避，也有人选择了抱怨。他们逢人就诉苦，开口就抱怨，让抱怨的情绪变成了传染源，充斥在自己的周围，感染着原本美好的一切。

抱怨，是以一种委屈的语气用一些消极的言辞表达对他人或环境的不满。失败了，抱怨老天无眼；失恋了，抱怨对方无情；失业了，抱怨无人赏识；没钱了，抱怨生活太艰辛；患病了，抱怨命运多舛……凡此种种，不绝于耳。

为什么很多人喜欢抱怨呢？威尔·鲍温在《不抱怨的世界》一书中写

道："我们抱怨，是为了获取同情心和注意力，以及避免去做我们不敢做的事。"

这个回答可谓一语中的。抱怨只是不想去面对一些东西，无法让生活发生任何实质性的改变。所有的抱怨者都是对现状感到无能为力，没有勇气和信心尝试着做出改变的人。抱怨是世界上最没有用的语言，它甚至还敌不过批判，批判运用得好，还犹如匕首投枪，而抱怨没有任何的杀伤力。

挫折与不公是我们抱怨最多的对象，但它们又是生活中不可避免的存在。面对这样的现实，我们不妨把它们视为考验。事实上，挫折除了给我们带来痛苦以外，也可以塑造我们的人格，让我们变得有担当。与其摔倒在路上时去抱怨那块绊脚石，倒不如爬起来把它搬走，继续前行。就像《不抱怨的世界》里所说的："任何人和团队要成功，就永远不要抱怨，因为抱怨不如改变，要有接纳批评的包容心，以及解决问题的行动力。"

我们要成为心态上的强者，思想上的智者，用积极的行动去扛起责任，努力去改变可以改变的一切。如此，心情才不会被抱怨恶化，人生才不会被抱怨耽搁。

冲动：转念一想，也许就是救赎

冲动是行为系统不理智的表现，指人的情感特别强烈、理性控制很薄弱的一种心理现象，也是一种极具破坏力的情绪，给人带来的负面影响远远超出想象。

在冲动的状态下，人会丧失理智，做出的决定也是没有经过深思熟虑的，很容易在冲动过后反悔。

冲动是魔鬼，社会环境本就浮躁，加之我们的焦虑，就更容易冲动。一时的情绪失控，带来的有可能是终生的遗憾和伤痛。我们要做的，不是在冲动后忏悔道歉，而是未雨绸缪。

那么，如何防止冲动呢？

第一，换个角度看问题。当有人冒犯自己的时候，不要固执地认为对方是针对自己，试着从积极的角度去看待问题，冲动就能够被控制住。比如，当别人风风火火地撞了你，或是说话语气不好时，如果你能告诉自己："他这样做不是针对我，而是他有急事，他遭遇了痛苦。"这样想的话，就不会因此大发雷霆了。

第二，保持一定的空间距离。我们时常会觉得，看到某个人就会生气，但如果看不见对方呢？是不是就可以少生一点气？所以，当你觉得愤怒的情绪难以压制时，尽快逃离那个环境，远离让自己生气的人和事，负面的情绪就会逐渐平息。

第三，给自己积极的心理暗示。引发冲动的情绪往往都是愤怒，在察觉到自己开始有愤怒的情绪后，可以在心里暗示自己：千万别发作，发作了就会伤害自己。随着这种积极的心理暗示，冲动的情绪会得到压抑。

浮躁：少点投机取巧，你会走得更快

"在我们的心灵深处，总有一种力量使我们茫然不安，让我们无法宁静，这种力量叫浮躁。浮躁就是心浮气躁，是成功、幸福和快乐最大的敌人。从某种意义上讲，浮躁不仅是人生最大的敌人，还是各种心理疾病的根源，它的表现形式多样，已渗透到我们的日常生活和工作中。可以这样说，我们的一生是同浮躁斗争的一生。"

这是对现代人的浮躁心态以及对浮躁危害最确切的表述。浮躁是一种冲动性、情绪性、盲目性相互交织的病态社会心理。浮躁的人没有长性，做任何事都想投机取巧，终日心神不宁，焦躁难安。

如今，浮躁之风在整个社会蔓延，影响着每个人，我们眼睛里看到的总是那些速成班、短期投资、高额回报、炒股，等等。很少有人能静下心来读一两本滋养心灵的书籍。快餐式的内容让我们目不暇接，也让原本抵抗力不强的内心更容易受到诱惑。

我们都迫切地渴望成功，但越是心急就越浮躁，结果离成功越来越远。培根曾经写过这样一番话："慢些，我们就会更快。没错，有人为了显示效率，凡事草草了事，结果得不偿失，使得一件本需一次就能完成的事情，要回头重复多次。所以，做事情不要急于求成。"

浮躁是成功的大敌，也是各种心理疾病的根源。置身于现代社会，我们要如何克服这种浮躁的心理呢？

第一，做事专一。成功与失败，平凡与伟大，并不在于选择做什么，而是选择怎么做。把所有的心思都放在自己所选择的那件事情上，专注地投入其中，往往就容易成功。若是什么都想要，往往什么都得不到。

第二，脚踏实地。置身于浮躁的社会中，我们要努力保持内心的平静，理清自己的情绪，冷静一点，务实一点。不要总想着投机取巧，天道酬勤，只有用心去做，才能有所收获。